猫咪的科学饲养圣经

陈稚文◎著

比利张◎绘

U0239817

北京科学技术出版社

著作权合同登记号　图字：01-2022-1021

图书在版编目（CIP）数据

猫饮猫食 / 陈稚文著；比利张绘. — 北京：北京科学技术出版社，2024.5

ISBN 978-7-5714-3734-3

Ⅰ. ①猫…　Ⅱ. ①陈…　②比…　Ⅲ. ①猫—驯养　Ⅳ. S829.3

中国国家版本馆CIP数据核字（2024）第046620号

策划编辑：刘　超	电　　话：0086-10-66135495（总编室）	
责任编辑：刘　超	0086-10-66113227（发行部）	
责任校对：贾　荣	网　　址：www.bkydw.cn	
图文制作：史维肖	印　　刷：北京顶佳世纪印刷有限公司	
责任印制：李　茗	开　　本：710 mm × 1000 mm　1/16	
出 版 人：曾庆宇	字　　数：250千字	
出版发行：北京科学技术出版社	印　　张：11.5	
社　　址：北京西直门南大街16号	版　　次：2024年5月第1版	
邮政编码：100035	印　　次：2024年5月第1次印刷	
ISBN 978-7-5714-3734-3		

定　　价：　89.00元

自序

2010 年，一篇有关《正确喂养宠物》（*Feed Your Pet Right*）一书的书评发表在《纽约时报》（*The New York Times*）上，让我开始关注宠物营养以及宠物食品。这本书之所以能从美国多如牛毛的宠物食品书中脱颖而出，是因为该书的作者玛丽昂·内斯特莱（Marion Nestle）和莫尔登·C. 内希姆（Malden C. Nesheim）分别是纽约大学（New York University）和康奈尔大学（Cornell University）的营养学教授，该书也是美国图书市场上少有的、由营养学背景的专业人士撰写的宠物食品书籍。在好奇心驱使下，我与该书的两位作者通信，谈到宠物医生在营养学上的认知不足，并从此开始了我在营养学上的研习以及进修。

在如今这个循证医学兴盛的时代，图书市场上针对宠物食品以及宠物营养的书籍，仍多是作者的个人经验总结，仅有少数作者拥有专业的宠物营养师背景，并能科学讲解相关内容。我还发现，尽管循证医学强调通过实证以获得最好的建议，但相较个人经验则更容易产生误导，这在小动物营养领域尤为明显。因此，我开始收集资料，以期根据现有的研究成果帮助铲屎官整理出最好的建议。

我有幸将这几年收集的资料集结成本书。本书的目的不在于告诉铲屎官哪个品牌的饲料最好，更不是为铲屎官提供诸如鸡肉与番茄的最佳配比的宠物食谱，而是希望通过本书帮助铲屎官认识到：猫咪与人类不同、猫咪哪里与人类不同，以及猫咪需要哪些营养。只有对猫咪的独特性以及营养需求足够了解，铲屎官才能从眼花缭乱的饲料品牌中正确挑选最适合自家猫咪的饲料。

　　另外，本书还特别介绍了生病猫咪的营养需求。书中通过将生病猫咪的临床症状、病程与生病猫咪的营养需求相结合，以期获得最好的疾病治疗或是控制效果。当然，针对一些网络上或是铲屎官的常见困惑和疑问，我也会尽量以现有的营养学研究成果为依据给出答案。

　　除此之外，对于宠物保健品的选择，铲屎官往往只能从朋友、销售方、宠物店以及宠物医生四个渠道得到相关讯息，但是这些宠物保健品到底有没有厂商所宣称的效果，就连宠物医生都很难确认。本书也就目前已经有研究结果的宠物保健品做了进一步的说明，并在"特殊照顾"部分介绍了对各类疾病治疗有辅助效果的宠物保健品，希望可以借此为铲屎官在宠物保健品的选择上提供帮助。

　　非常感谢质人文化创意在这段时间给我的帮助和包容，以及爱达司动物医院全体员工的辛劳，并感谢家人的支持，以及两个孩子的可爱胡闹。

陈雅文

目　录

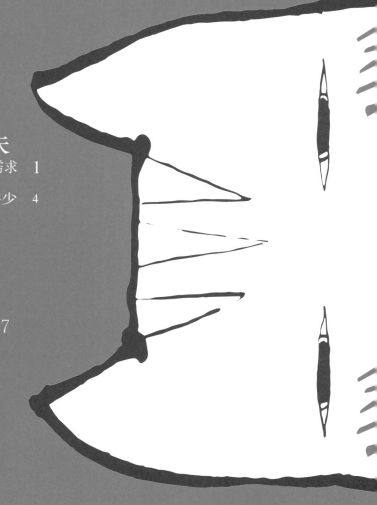

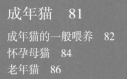

.01

猫以食为天

猫咪的基本饮食需求

猫咪就算被人类豢养，它们仍属肉食性动物，因此猫咪对蛋白质的需求很高。

01 / 猫
以食为天

猫咪与人类共同生活已经有很长的历史了，它们也是人类唯一真正驯化的肉食性动物，但是这个物种对人类而言还是充满神秘感，也许这正是猫咪令人着迷的原因。

美国兽医营养学会称："猫咪是很复杂的物种，对人类来说，它们既能带来惊喜也能带来挫折，甚至让人害怕。"这句话充分说明了我们对猫咪的感情——又爱又恨。

猫咪的祖先为了获得稳定的食物来源开始在人类社会边缘生活，与人类保持类似"共生"的关系。随着猫咪的祖先与人类接触时间的增加，猫咪成为最早被人类驯化的猫科动物。并且，当猫咪开始进入人类的家庭生活时，它们也展现了自身"功能性"的一面，比如，捕捉老鼠。

猫咪至今仍保有与它们的祖先大致相同的身体构造、生理以及行为特征。猫咪独特的营养需求、生理以及行为需求，和狗狗也有很大的不同。另外，据美国的统计数据，由于饲养环境以及营养的改善，猫咪的平均寿命逐渐增加，从 20 世纪 90 年代初的 4.5 岁，增加到现在的近 15 岁。猫咪的食物选择也从自己捕食来获取不同种类的食物，变成固定时间供应分量充足、蛋白质来源固定的饲料。

相对于世界上所有的猫科动物，目前只有家猫存在比较完整的营养研究。研究发现，家猫必须摄取的营养素与家犬有很大的不同，当然，更不同于人类。最大的不同是，家猫仍然是肉食性动物，因此对蛋白质的需求很高，而且，家猫需要的某些重要营养素，比如精氨酸和牛磺酸，只能从动物蛋白（即肉类）中获取。

家猫重点要从食物中摄取的必需营养素有 5 种，即精氨酸（Arginine）、牛磺酸（Taurine）、烟酸（Nicotinic acid）、维生素 A（Vitamin A）以及维生素 D（Vitamin D）。此外，家猫与一般肉食性动物最大的不同点在于，虽然它们体内能够消化碳水化合物的酶较少，但仍可以有效地消化煮过的淀粉类食物，例如米饭。

因此，猫咪虽然已经被驯化，但是仍然有许多我们要注意的营养需求，下表中列出了猫咪特有的营养需求，由此可知猫咪的营养需求与杂食性动物有着非常大的差异。

猫咪特有的营养需求

需要摄取的营养素	独特性
维生素 A	无法有效地将类胡萝卜素转换成维生素 A
维生素 D	即使是日照充足的无毛猫咪，也无法形成足够的维生素 D
牛磺酸	无法合成足够的牛磺酸
烟酸	无法利用色氨酸来合成烟酸
瓜氨酸（Citrulline）	无法合成氮循环所需的瓜氨酸
精氨酸	自身无法合成，且只能从动物蛋白中获取
花生四烯酸（Arachidonic acid）	自身无法合成，只能从其他动物脂肪中获取

不只是铲屎官感到困惑，对宠物医生或宠物营养师来说，决定一只猫咪所需要的能量（即喂食量），都是一件非常困难的事情。

这是因为每只猫咪都是独立的个体，其新陈代谢的能力以及活动量、年龄、性别、身体健康状况各不相同，所以并没有适合猫咪的通用喂食建议量，宠物食品厂商建议的喂食量也并不适合每只猫咪。

让我们先来看看，正确计算猫咪喂食量的步骤

1 比对"BCS 体况评分系统" ▶ 观察猫咪以往的体重变化，并且使用 BCS 体况评分系统判断猫咪是否属于标准体态。

2 计算食物能量 ▶ 计算目前喂食的食物所含的能量。

3 计算所需能量 ▶ 计算猫咪所需基本能量，并根据基本能量数据分析猫咪目前摄取的能量是过多（体重增加）、刚好（体重不变），还是不足（体重下降）。

4 参考"能量需求对照表"增减喂食量 ▶ 参考"能量需求对照表"，并根据目前猫咪每日饮食的能量摄取状况决定喂食量的增减。

❝ 认识简单的营养学名词 ❞

猫咪正确的喂食量计算看似简单，不过，在讲解具体的喂食量计算方式之前，我们有必要先介绍几个营养学上常用的名词，想要进一步了解营养学相关知识的铲屎官可以以此为参考。

能量平衡（Energy Balance）

即能量摄入与能量消耗之间的动态平衡。能量摄入与能量消耗基本相等为平衡。生物的生存状态与能量平衡息息相关。能量摄入大于消耗，个体体重增加；反之则体重下降。两种情况都属于能量不平衡。

维持能量需求（Maintenance Energy Requirement，MER）

即生物个体维持能量平衡必须摄入的能量，也是生物个体保持现有体重、体态所需的能量。

BCS 体况评分系统（Body Condition Scoring, BCS）

是一种用分值来评价宠物营养状态的方法。通过 BCS 体况评分系统判断猫咪的体态并确定其所处级别，对猫咪的饮食规划来说非常重要。由于每只猫咪的情况各不相同，通过能量公式得出的猫咪每日所需能量并不能完全排除个体差异，因此，在进行饮食规划时，需要将猫咪的体重以及体态纳入考虑。

体态的观察与评估

关于猫咪的体重，通常需要观察一段时间（至少1个月以上），才能看出明显的变化趋势。依据猫咪的体重变化，铲屎官可以确切地了解猫咪的能量摄入是否合适。需要注意：能量摄入是否充足是喂食量的评定标准，但不能代表营养是否均衡。简单地说就是，喂多少决定能量，喂什么决定营养。

不同品种的猫咪的体型存在差异，不同体型猫咪对应的健康体重也各不相同，这很容易让铲屎官对猫咪目前的体重是否处于健康水平产生困惑。为了解决这个问题，宠物医学领域推出了 BCS 体况评分系统。该系统适用于各种体型的猫咪，铲屎官可以用其来判断自己的猫咪的体重是否正常。

常见的 BCS 体况评分系统有 5 分制

和9分制两种，5分制是将体况分为5级，而 9 分制则是将体况分为 9 级。BCS 体况评分系统主要通过以下两个方面进行评估：一是猫咪的"侧面体态"，二是猫咪的"背面体态"。两种分制的差别只在于细分的程度不同。

铲屎官可以根据"肋骨、脊椎骨、骨盆的易观察程度""皮下脂肪的厚度"，以及"是否能摸到肌肉"进行基本判断，再配合配图辅助评估。

此外，提醒家中饲养长毛猫的铲屎官，在使用 BCS 体况评分系统前，你们需要特别注意，在检查时，长毛猫蓬松的毛发会遮盖其肋骨、脊椎骨以及骨盆，同时影响对其皮下脂肪厚度的判断准确性。因此，长毛猫的铲屎官应先将猫咪的毛发拨开，然后以手指触摸其皮肤进行判断。

美国动物医院协会（American Animal Hospital Association, AAHA）BCS 体况评分量表（9 分制）

在 9 分制的 BCS 体况评分系统中，1~4 级为纤细猫（过瘦或偏瘦）、5 级为标准猫（理想体态）、6~9 级为肥胖猫（偏胖、超重或肥胖）。

1/9		可轻易看到肋骨，触摸无脂肪包裹肋骨；腹部严重凹陷；腰椎以及骨盆明显可见，且触摸骨感明显
2/9		可轻易看到肋骨，触摸无脂肪包裹肋骨；腹部轻微凹陷；腰椎以及骨盆明显可见，且触摸骨感明显
3/9		可轻易看到肋骨；背部摸不到脂肪，腹部有少许脂肪；腰身明显，腰椎以及骨盆触摸骨感较明显
4/9		无法看到肋骨，但可轻易摸到；背部及腹部少许脂肪；腰身明显，腰椎以及骨盆触摸骨感不明显
5/9		皮肤与肋骨间有少许脂肪；肋骨后方显腰身；腹部有少许脂肪且不会下垂
6/9		可稍微摸到肋骨；肋骨后方腰身不明显；腹部成圆桶型，腹部脂肪较厚
7/9		几乎摸不到肋骨；没有腰身；腹部成圆桶型，腹部有大量脂肪且开始下垂
8/9		用力才能摸到肋骨以及脊椎；没有腰身；腹部脂肪堆积，明显鼓胀和下垂
9/9		无法摸到肋骨以及脊椎；脂肪堆积于脸部、背部、尾根部以及四肢；腹部脂肪堆积，明显鼓胀和下垂

注：以上信息均以短毛猫为参照。

食物能量计算

在对猫咪的体重情况以及体态进行评估后，接下来要计算猫咪当前食物的能量。

目前绝大多数铲屎官在猫咪的食物选择上还是以饲料为主。在食物的能量计算上，饲料比起罐头和鲜食要简单许多，因此，国外针对干饲料设计了计算能量的公式。

每种干饲料的包装上都有成分分析表，相信铲屎官很难通过这些密密麻麻的表格清楚地找到饲料提供的能量。虽然各个干饲料品牌都会提供简单的建议喂食量，但这些建议值并不是对所有猫咪都适用的。而使用营养学的专业公式来计算干饲料的能量又是一个大工程，所以美国饲料管理协会（Association of American Feed Control Officials, AAFCO）[①]在 2007 年时，根据人类营养学的阿特沃特（Atwater）系数改良出针对一般市售宠物饲料的能量计算公式。虽然得出的能量数值不是非常精确，但是对一般铲屎官来说足够用了。

① 美国饲料管理协会虽然是非官方组织，但它负责美国各州以及有关宠物食品的联邦法规制定，美国食品药品监督管理局以及美国各州政府相关管理人员均有派驻代表参与法规的制定以及调整，因此，美国饲料管理协会并非一般的民间饲料公司。该组织的主要目标在于：1. 维护动物及人类的健康；2. 确保消费者权益；3. 为动物饲料业提供公平的竞争环境。

O1 / 猫
以食为天

公式 1

能量（kcal/kg）=

10×[8.5 kcal/g × 粗脂肪（crude fat）%

+ 3.5 kcal/g× 粗蛋白（crude protein）%

+ 3.5 kcal/g× 粗纤维（carbohydrate）%]

　　公式 1 中的脂肪、蛋白质以及碳水化合物含量，都可以在饲料包装袋的营养分析表上找到。如此就可以计算出每千克干饲料可以提供的能量。

　　如果使用鲜食作为猫咪主食，则可以使用改良版的公式。

公式 2

能量（kcal/kg）=

10×（9 kcal/g× 粗脂肪 %

+ 4 kcal/g× 粗蛋白 %

+4 kcal/g× 粗纤维 %）

　　可以看到，左面两个公式，只是各成分前面的系数不同。当然，鲜食的成分，需要铲屎官通过网络自行查找分析。

　　还要强调的是，公式只能计算出猫咪食物中提供的能量是否足够，并不能确定食物中是否包含足够的猫咪必需营养素。根据"猫咪特有的营养需求"表可以发现，给猫咪喂食鲜食很容易导致猫咪出现营养素不足的问题，所以，铲屎官应多注意营养素补充的问题。我们会在后面的章节讨论猫咪必需营养素的补充。

　　利用上述两个公式，铲屎官可以轻松计算出每千克喂食的饲料或食物提供的能量，接下来，我们需要计算猫咪所需的能量。

能量需求

在了解了猫咪目前的体况和猫咪当前食用的饲料每千克提供的能量后，就可以探索下一个问题：我的猫咪需要多少能量，即猫咪的维持能量需求是多少。

要知道猫咪每日需要摄入的能量，也就是铲屎官每日需要提供的喂食量，必须先了解能量是如何消耗的，以及消耗了多少。最终的喂食量是综合评判的结果，在估计猫咪的能量消耗量时，只需大致估计出猫咪能量消耗的多寡，不需要精确计算出具体消耗的能量数值。只有将大致的能量消耗量与猫咪当前的体况和饲料的能量值综合起来，才能确定最适合猫咪的喂食量。

4 种能量消耗的总和，就是所谓的维持能量需求。对家庭饲养的猫咪来说，占比最大的就是静息代谢消耗，约占总能量消耗的50%。这其实不难理解，因为除了年轻的猫咪，大部分家庭饲养的猫咪最常做的事情就是"休息"。居家猫咪的运动时间少，加上少量多餐的进食方式，以及环境温度较为稳定，所以其他3种方式各自消耗的能量非常少。

幼猫和年轻猫咪因为活动量大，所以能量消耗会大幅增加。此外，多猫家庭中，猫咪可能会互相追逐打斗，这也会增加猫咪的能量消耗。有急性疾病或慢性疾病的猫咪，也会因为生理状况的改变而导致能量消耗增加。当然，性格温和的猫咪和健康的老年猫咪的能量消耗相对较少。

4 种最常见的能量消耗方式

静息代谢	不活动时，身体维持正常的生理运转也要消耗能量，这种能量消耗约占日常能量消耗的 50%。
日常活动	活动越多，消耗的能量越多。
热增耗	在摄入食物后，食物的消化和吸收所产生的能量消耗。
适应性产热	当环境温度变化的时候，身体做出反应以维持恒定体温所消耗的能量。

O1 / 猫
以食为天

分析猫咪的能量消耗，是决定喂食量的第一步，但铲屎官不用真正计算消耗能量的具体数值。结合猫咪过去体重的变化，以及现在的体况，就可以免去基于行为以及环境因素的麻烦计算，并确定猫咪的喂食量。

为了方便铲屎官更清楚地了解猫咪的能量需求，我们整理出了下列表格。

成年猫咪维持能量需求表

体重（kg）	BCS 1~5 （kcal/day）	BCS 6~9 （kcal/day）
1	100	130
1.5	131	153
2	159	172
2.5	185	188
3	209	202
3.5	231	215
4	253	226
4.5	274	237
5	294	247
5.5	313	257
6	332	266
6.5	350	275
7	368	283
7.5	386	291
8	403	299
8.5	419	306
9	436	313
9.5	452	320
10	468	327

" 能量需求计算的演化 "

从 20 世纪开始,动物营养学最大的问题,就是如何计算动物的能量需求。铲屎官可以通过网络搜索到各式各样的公式,简单地说,铲屎官的需求是如何使用公式计算出上文中的 4 种能量消耗值。如果可以计算出猫咪的静息能量需求(Resting Energy Requirement, RER),我们就可以计算出大致的维持能量需求。

所有的公式都是根据 1961 年,克莱伯(Kleiber)教授提出的经典公式演化而来。

克莱伯经典公式:

静息能量需求（RER）= 70× 体重$^{0.75}$

上面这个公式计算起来相当麻烦,而且没有考虑猫咪不同的身体状况和年龄,再者,利用上面的公式计算出的只是猫咪静息状态下的能量需求,必须将计算出的结果加倍,才能得到大致的维持能量需求数值。所以 2000 年,另一种常用的维持能量需求的计算公式被提出:

维持能量需求（MER）=140× 体重$^{0.75}$

或是

维持能量需求（MER）=2×[70+（30× 体重）]

对于不同身体状况及年龄的猫咪,可以在这个公式前面再乘上不同的系数。这也是目前宠物医师和铲屎官最常使用的公式。

不过,近些年的研究认为,虽然公式本身是由营养学实验得出的,但基于不同身体状况或是疾病的系数,却没有很好的实验证据予以支持,而且,这么多不同的数字很难记忆,导致公式在使用上有诸多不便。基于上述考虑,2006 年,美国国家科学研究委员会(Nation Research Council,NRC)设计了第三种能量计算公式:

体况评级 1~5 的猫咪,维持能量需求（MER）=100× 体重$^{0.67}$

体况评级 6~9 的猫咪,维持能量需求（MER）=130× 体重$^{0.40}$

上述公式,也是目前兽医领域小动物临床营养学建议使用的公式。

O1 / 猫
以食为天

决定喂食量

已知猫咪当前的体况和体重变化，计算得到目前猫咪食用的食物的能量，并根据"成年猫咪维持能量需求表"获取猫咪体重对应的能量摄入，之后就可以开始分析并确定猫咪的喂食量了。

肥胖猫（BCS 体况评分 6~9 级）

如果猫咪体态属于偏胖，而且猫咪的体重在一段时间内不断增加，说明当前猫咪摄入的能量高于需要的能量。

如果"成年猫咪维持能量需求表"也显示当前猫咪摄入能量过高，那么铲屎官确定喂食量的第一个目标，就是降低猫咪每日摄入的能量，并将这个目标能量值代入饲料能量计算公式，以得到猫咪每日所需的喂食量。

对于超重或肥胖的猫咪，首先应将任食制改为定时定量喂食方式，以便根据猫咪的体重变化适时调整喂食量。也可以把饲料更换成能量密度低的类型，例如体重控制饲料或减肥饲料，以帮助猫咪控制体重。

纤细猫（BCS 体况评分 1~4 级）

如果健康猫咪体态偏瘦，且猫咪的体重在一段时间内维持不变，甚至出现下降，则说明猫咪当前的能量摄入不足。

对照"成年猫咪维持能量需求表"，计算出当前摄入的能量与猫咪的维持能量需求的差值，并通过增加食物量的方式补足差额。在规划猫咪饮食时，一定要首先确认猫咪自身的状况，观察猫咪是否活动量较大，是否存在其他的健康问题等。无论如何，猫咪体态偏瘦且在一段时间内体重维持不变甚至下降，就需要增加能量摄入。如果出现当前猫咪摄入能量足够或高于维持能量需求所需能量，但猫咪体重保持不变或出现下降的情况，先确定猫咪是否活动量很大，如果不是，则需要对猫咪进行健康检查，以确认猫咪是否存在其他健康问题。

标准猫（BCS 体况评分 5 级）

如果猫咪体态理想，且猫咪的体重在一段时间内维持不变，即使计算出猫咪食用饲料的能量高于"成年猫咪维持能量需求表"上猫咪体重所对应的数值，铲屎官也不用调整喂食量。因为每只猫咪存在个体差异，表格或公式提供的数值只能作为综合评判的依据，所以，铲屎官在决定喂食量时，还是要着重参考自家猫咪的体重以及体态变化，并且每个月定期追踪猫咪的体重变化。

喂食量计算实例

案例：猫咪啾啾体重 10 kg，BCS 体况评分为 9 级，"啾啾妈"家中有两只猫咪，喂食方式均为任食制，所以啾啾妈无法得知啾啾每天吃掉了多少干饲料。

啾啾食用的干饲料成分如下：
粗蛋白 29%，粗脂肪 13% 以及粗纤维 7%。

宠物医生解读：要计算出啾啾目前每日摄入的能量，首先要知道啾啾每天的进食量，因此，我先请啾啾妈在周末两天，将家中两只猫咪隔离开来喂食，以便计算啾啾一天吃掉的干饲料量。

另外，我们还需要计算出目前啾啾食用的干饲料所提供的单位能量，计算方式如下：

能量（kcal/kg）=10×（8.5 kcal/g× 粗脂肪 %

+3.5 kcal/ g× 粗蛋白 %

+3.5 kcal/g× 粗纤维 %）

再将我们已知的干饲料粗蛋白、粗脂肪以及粗纤维含量代入公式：

能量（kcal/kg）=10×（8.5×13+3.5×29+3.5×7）

=2365 kcal/kg

即，目前啾啾食用的干饲料提供的单位能量为 2365 kcal/kg 或 2.365 kcal/g。

啾啾妈测得啾啾平均一天食用 160 g 干饲料，也就是说啾啾每日摄入的能量为：

160 g × 2.365 kcal/g = 378.4 kcal

对照"成年猫咪维持能量需求表"发现，体重 10 kg、BCS 体况评分为 9 级的成年猫咪，每天维持能量需要为 327 kcal。

显然，啾啾每日摄入的能量超过了体重 10 kg、BCS 体况评分为 9 级的成年猫咪一天维持能量所需的 327 kcal。

在不更换饲料的前提下，给予啾啾符合维持能量需求的能量，需要啾啾妈将每日喂食量调整为：

327 kcal÷2.365 kcal/g=138.2 g

02

饮食解密

饲料种类密码

干饲料、湿食、半湿食，以及自煮鲜食，哪种对我的猫咪最好？饲料和罐头包装上充斥着各式各样的标语以及神奇的功效，真的可以相信吗？

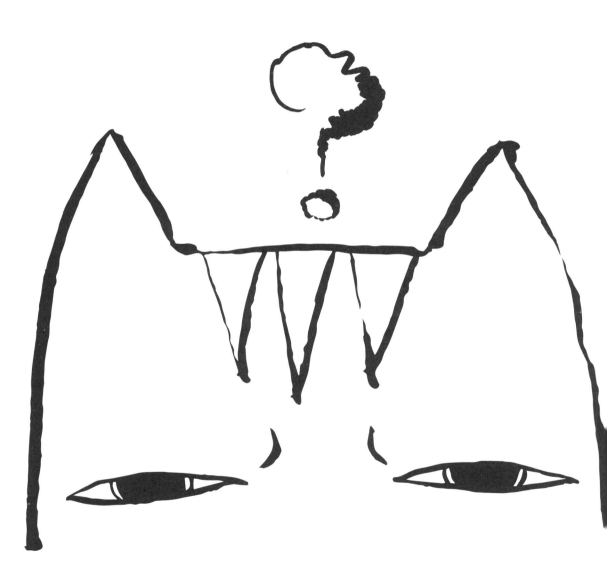

走进宠物用品店，面对各式各样的饲料，铲屎官经常分不清到底哪一种饲料最适合自己的猫咪。饲料的包装上充斥着各式各样的宣传语以及关于神奇功效的介绍，这些功效是不是真的，铲屎官很难知道，结果就只能选择相信厂商，或是相信价格。

　　猫咪是肉食动物，野生猫科动物多以猎物的肉以及内脏作为营养来源，而饲养在家中的猫咪则大多以干饲料或罐头为主要食物，这些食物中往往添加有植物类的原料，但主要还是由动物类蛋白质构成。

　　纯素食饲料虽然也可以做成让猫咪接受的味道，不过根据美国国家科学研究委员会的建议，铲屎官如果只给猫咪提供纯素食饲料，猫咪的营养需求很难得到满足。

　　早在古埃及时期就已经有人类饲养犬、猫的记录。农业社会中犬、猫的地位并不如现在，狗狗的主要作用是保护作物，而猫咪则是负责减少鼠害，当然，不会有人为了该给它们吃什么而烦恼。

　　在人类驯养猫咪的早期，大多数的猫咪可以捕获老鼠以及鸟类，这些"活体生肉"为猫咪提供了足够的营养。20世纪90年代的一本书则建议以马肉、鳕鱼头以及冷冻的兔肉喂食猫咪，现在看来，这本书提及的食材较难取得。

　　随着饲养宠物的人数不断增加，并不是每位铲屎官都愿意处理冷冻兔肉或马肉。1861年，英国的詹姆斯·斯普拉特（James Spratt）发明了全世界第一种宠物饲料。他的创意开启了一个全新的市场，从那个时候开始，宠物食用的干饲料以及罐头陆续面世。时至今日，全球最大的5家宠物食品公司控制了全球80%的宠物食品市场，这5家公司分别是雀巢普瑞纳宠物护理（Nestle Purina PetCare）、玛氏宠物护理（Mars PetCare）、希尔宠物营养（Hill's Pet Nutrition）、爱慕思公司（The Iams Company）以及德尔蒙食品（Del Monte Foods）。

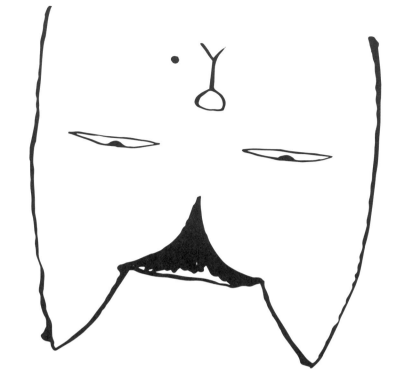

　　目前，台湾市面上的猫饲料绝大部分都是进口的，国产的相对较少。进口饲料包装精美，包装上也写有许多神奇的功效，有些功效是进口饲料原包装上就有，由进口商翻译成中文，有些则是进口商自己加上去的。

　　不过，市面上所有能买到的饲料都分为三类：干饲料、湿食以及半湿食。

干饲料

目前市面上种类最多,铲屎官最常选择的饲料就是干饲料。

根据定义,干饲料是指水分含量不超过 3%,并且干物质含量超过 98% 的饲料。不过,美国国家科学研究委员会给出的《犬、猫营养需求》(*Nutrient Requirement of Dogs and Cats*)中对于干饲料的水分含量的规定则是 10%~12%。之所以出现干饲料的水分含量低于《犬、猫营养需求》中给出的水分含量的情况,是因为在实际制作中,10%~12% 的水含量对干饲料的保存而言还是太高了。

认识干饲料

猫咪的干饲料跟狗狗的最大不同在于干饲料的形状及颗粒大小。由于猫咪没有和狗狗一样的白齿,不能像狗狗那样用牙齿磨碎食物,只能用牙齿切碎食物,所以猫咪干饲料的颗粒较小。大部分的宠物干饲料都是挤压成形的,这种制作方法可以使食物中大部分的淀粉糊化,使饲料更容易消化,且消化工作集中在上半段肠道完成,如此可以减少猫咪的胃肠道不适。

在饲料挤压成形前,需要先将糊状物混合蛋白质原料,例如鸡肉、牛肉、猪肉等,再加水并加热进行烹煮,以降低食物中的细菌含量。

在挤出时,糊状物会先经过钢模,钢模除了可以维持糊状物的压力以及温度,还可以塑造饲料颗粒的形状。饲料厂商可以利用机器制作各式各样的饲料,甚至各种颜色的饲料,但是饲料的形状和颜色与其营养成分并无关系。因此,铲屎官在选择饲料时,应该首先确认的是饲料是否为小颗粒,而不是饲料的形状和厂商的包装广告。

挤压成形后,饲料颗粒中还含有大量的水分,因此需要进行干燥。干燥步骤会将饲料中原本 22%~28% 的含水量至少降到 3% 以下。干饲料中的脂肪成分大部分也是在干燥时加入的,通常干饲料中的脂肪含量为 5%~12.5%,饲料厂商最常使用的为干饲料添加脂肪的方式是将液化的脂肪喷洒在干饲料颗粒表面，饲料厂商甚至会在其中加入不同的调味剂来提高猫咪的适口性，当然，这样并不会导致饲料的脂肪含量额外提升。喷洒脂肪的方式不同，脂肪的口味不同，都会影响干饲料的口味。这也是市场上某些品牌的干饲料摸起来比较油，但猫咪非常喜欢吃的原因。

某些进口干饲料还可以细分为膳食型、小球颗粒型以及粗粒型。随着进口饲料越来越多，铲屎官也会慢慢接触到这些类型的饲料。当然，跟我们常见的干饲料相比，上述 3 种饲料只是形状不同，只要饲料厂商是以营养均衡的原料加工制作，无论干饲料的外形如何，都可以为猫咪提供充足的营养，同时还可以增加食物形态的多样性。

喂食与保存

干饲料是最适合任食制的饲料，铲屎官可以将干饲料放在室温环境中一整天，无须担心饲料会变质，而且相较于罐头，干饲料更为经济实惠。不过，由于台湾湿热多雨，干饲料暴露在室温环境中超过 24 小时的话还是有发霉变质的可能，因此不建议将干饲料暴露于室温环境中超过两天。也可以采取定时定量喂食的方式给予猫咪干饲料。某些特殊设计的干饲料甚至可以减缓猫咪牙结石的形成，有助于保持猫咪牙周健康。

同样由于气候的原因，最好避免购买宠物商店自行分装的干饲料，因为你无法确定这些干饲料的保存期限。此外，很多进口干饲料都会使用填充氮气的方式保鲜，一旦开封，包装袋内的氮气逸出，保鲜措施也就没有了。

此外，干饲料开封后最好在 1 个月内食用，因为除了开封后用来保鲜的氮气流失殆尽，即使铲屎官将干饲料存放在保鲜盒内，底层的干饲料还是有可能变质的。

半湿食

指的是含水量在 15%~35% 的食物，美国国家科学研究委员会认定的含水量范围是 25%~35%。

认识半湿食

半湿食的主要成分与干饲料十分相似，不同之处在于可以选择水分含量较高的添加物类型。此外，半湿食中的肉类或肉类副产品的添加要多于干饲料，因此半湿食的适口性要比干饲料好。

半湿食会通过添加有机酸、糖类或玉米糖浆控制水分，同时抑制细菌及霉菌的生长。需要注意的是，有些厂商会在饲料中添加 1, 2- 丙二醇（Propylene Glycol）。1, 2- 丙二醇是美国食品药品监督管理局（Food and Drug Administration, FDA）认定不可以添加在猫咪饲料中的成分，因此铲屎官在选购饲料时，务必确认成分表中不含有 1, 2- 丙二醇。

猫咪食用的半湿食中常含有新鲜或冷冻的肉类、肉类副产品以及谷物。如今，在台湾宠物食品市场上很少能见到半湿食，大多数半湿食都是以零食等副食品的形式出现的。铲屎官可以将半湿食用于协助挑食或是体重不足的猫咪进食，不过，因为半湿食中含有糖类，所以不建议患有糖尿病的猫咪食用。

湿食

湿食通常指的是罐头或是妙鲜包，此类食物的含水量通常在 60%~87%，甚至更高。美国国家科学研究委员会规定的湿食含水量为 74%~78%。近几年，猫咪罐头的市场需求越来越大。与半湿食一样，猫咪罐头中也含有较多的肉类或肉类副产品，其含水量通常在 25%~75%。

购买

市面上有许多不同名称的猫咪罐头，例如主食罐头和副食罐头。目前台湾没有关于宠物罐头名称的规范，其他市场也鲜有对宠物罐头名称的规范。

在选择市场上所谓的主食罐头时，铲屎官应特别注意罐头上的相关标识，因为厂商提供的商品名比较容易造成误解。铲屎官应确定，罐头包装上标明了该罐头的营养成分符合美国饲料管理协会的要求，才能将其作为猫咪的主食。

喂食与保存

湿食的含水量很高，这也是许多宠物医生认为湿食可以增加猫咪水分摄入的原因。不过，这里有一个盲区：如果猫咪的进食量不大或是主人额外添加的水分不多，那么猫咪水分摄入的增加是很有限的。

一小罐猫咪罐头大约重 80 g，即使猫咪一次性将一罐猫咪罐头全部吃完，如果没有额外摄入水分，猫咪也只能从罐头中摄入约 69 ml 的水分。当然，食用猫咪罐头的猫咪比只吃干饲料且不爱喝水的猫咪所摄入的水分要多一些。

同时，由于湿食的含水量高，所以，等重的湿食含有的能量相较干饲料更少。湿食中含有较多的肉类或肉类副产品，可以为猫咪提供较多的蛋白质、脂肪、钠盐以及磷。但从性价比角度考虑，每单位能量湿食的价格较高（因为湿食含水量高），而且相较于干饲料，湿食开封后的储存时间较短，保存起来也更麻烦。

自煮鲜食

随着宠物饲料的陆续推出，为猫咪准备自煮鲜食的铲屎官在逐年减少，但是，随着近几年宠物饲料污染事件的屡次出现，选择自煮鲜食的铲屎官又开始增加。目前，台湾没有统计数据来佐证上述论点，但在我看诊时，有关自煮鲜食的咨询越来越多，且书店内宠物食谱的种类日益增加，这些都说明台湾也有越来越多的铲屎官开始加入为猫咪准备自煮鲜食的行列。

铲屎官选择自煮鲜食的原因很多，例如，不相信商品化的宠物食品；认为自煮鲜食富含更多的营养；想增加自己与宠物的互动；为宠物调配自己想要的饮食（比如素食），或是添加自己想要使用的食材等。

在美国，自煮鲜食同样越来越受到铲屎官的欢迎，当然，这也与2007年美国发生的宠物食品事件有关。不过，在自煮鲜食越来越受欢迎的同时，美国大部分的宠物营养师也提出了一个问题，即许多自煮鲜食的食谱并未经过动物喂饲测试（Animal Feeding Test）和实验室分析（Laboratory Analysis），因此并无可靠的依据帮助判定这些自煮鲜食的食谱是否可以长期支撑猫咪不同生长阶段的需求。

2008年，美国关于自煮鲜食的调查显示，只有三成的美国铲屎官使用为犬、猫设计的食谱来制作鲜食。在台湾，使用专为犬、猫设计的食谱制作鲜食的比

例可能更低，因为目前，台湾并没有犬、猫营养师这个职业，所以市面上的大部分犬、猫自煮鲜食食谱来自书籍或者网络，且专业性存疑。

国外的研究发现，自煮鲜食大多不符合美国国家科学研究委员会的营养建议，其钙、磷、钾、锌、铜、维生素 A 和维生素 E 的含量普遍偏低，且超过半数的鲜食中，蛋白质、氨基酸、维生素的含量都低于美国国家科学研究委员会的建议量，更有九成的自煮鲜食缺乏猫咪所需的微量元素。此外，部分食谱还存在维生素 D 和维生素 E 含量超标，以及钙磷比例失调的问题。

自煮鲜食在猫咪不同的生长阶段会有不同的影响。幼年猫咪采用自煮鲜食喂食，很容易出现钙摄入不足或是钙磷比例失调的问题，进而导致猫咪骨骼发育不全，易出现病理性骨折。而且，部分幼年或年轻猫咪存在因食用自煮鲜食导致不饱和脂肪酸（来自鱼、动物内脏等）摄入过多，造成皮下脂肪发炎的问题。成长期与成年的猫咪，也存在因食用自煮鲜食而营养不良的情况。

目前，营养学课本上建议使用自煮鲜食的情况都是出于健康的考虑。例如，猫咪存在食物过敏问题而无法食用商品化的宠物食品，或者猫咪在患有慢性肾衰竭的同时患有胰腺炎，不适合食用处方饲料。

铲屎官在宠物用品店的饲料架前通常都会感到迷茫，面对各种饲料标签：天然（Nature）、有机（Organic）、人类食用级（Human Grade）、优级（Premium）等，铲屎官会不知所措，不知道该如何选择。

宠物饲料包装上的大部分用语都有其商业目的。目前，台湾对于宠物饲料包装上的宣传用语尚无明确规范，美国市场也只是对"天然"和"有机"两个术语的使用制订了一些规范，对于其他术语则没有特别的说明。

缺少规范很容易造成铲屎官对饲料标签和包装上用语的困扰。

有机

先来了解台湾本地对于"有机"是如何定义的。

在台湾的人类食品市场上，最常见到的食品标签就是"有机"和"天然"，这一点宠物食品与之相似。在台湾有关人类食品的规定中，有机农产品管理重点对"有机农业"这个术语进行了定义，对商品标志中的"有机"也有一定的规范，除了要求商品本身要获得有机食品认证机构的认证，还要求商标也要符合相应的食品卫生管理法规以及商品标签法规。

反观宠物食品，台湾并未规定，宠物食品要取得有机食品认证机构的认证后才能在包装上标示"有机"字样。同时，目前在台湾宠物食品市场上占据主导的进口宠物食品也没有与进口有机农产品一样，明确要求厂商在获得有机食品认证后才能在包装上使用"有机"标志。因此，台湾市场上进口宠物食品包装上的"有机"标志多为生产国自身的认证。

许多铲屎官在网络上分享过各国的

有机认证，例如美国的 USDA、欧盟的 ECOCERT、日本的 JAS 等。不过，根据美国农业部的国家有机计划（National Organic Program，NOP）网站公示的内容，与宠物食品相关的有机认证规范还在研究中，且美国的宠物食品、零食以及保健品主管机关是美国食品药品监督管理局（FDA）。

为得到各国有机认证的准确信息，我向各国的相关认证机构发信询问有机标志的相关问题，并得到如下回复。

美国 USDA

经过美国农业部有机认证的宠物食品的确可以使用 USDA 的有机标志，但美国农业部有机认证标准主要还是应用于人类食品的生产、制造以及加工过程。

目前，宠物食品相关的有机认证标准还在研究中。不过，如果宠物食品包装上印有 USDA 有机标志，就代表该产品使用的有机原料占比不少于 95%。

FDA 的回复：
宠物食品包装上标示美国农业部"Organic"认证标志的，表示其产品的原料、制作过程及标志使用方式均符合美国农业部的规范。
——美国农业部，塞缪尔·琼斯（Samuel Jones）
参考网页：http://goo.gl/G92Zg1

就回复来看，只要从美国进口的宠物食品的包装上标示了 USDA Organic 或使用 USDA 有机标志，铲屎官就可以相信该宠物食品为有机食品。如果没有上述标志，则难以判断该宠物食品的原料以及制作过程是否符合美国农业部的有机规范。

美国农业部分级

分级一 纯有机（100% Organic）

所有原料都必须经过有机认证，且处理方式也须经过相同的有机认证，成分表必须列出经过认证的原料。符合上述规范方可标示纯有机（100% Organic），并使用 USDA 有机标志。

分级二 有机（Organic）

所有原料都必须经过有机认证（某些特殊认定原料除外，例如水和盐），食品包装上需要有特定表列出非有机原料使用占比不超过 5%，且成分表必须列出经过认证的原料。符合上述规范方可标示有机（Organic），并使用 USDA 有机标志。

分级三 有机制造（Made with Organic）

有机原料的使用占比不少于 70%，其他原料不需要经过有机认证，非农业原料仍须符合美国的相关规定。可在成分表三项以内的成分后或是成分表上标示有机制造（Made with Organic），但不能使用 USDA 有机标志。

分级四 有机成分（Specific Organic Ingredients）

有机原料的使用占比低于 70%。不能在包装上使用 USDA 有机标志和有机（Organic）字样。可以在成分表内有机成分的后方标示有机（Organic）并标示其占比。其他成分不受美国农业部有机规范的限制。

O2 ／ 饮食 解密

欧盟 ECOCERT

Ecocert 的回复

如要确认 ECOCERT 标志的真假，可以通过食品包装上的 ECOCERT 标志溯源其认证的机构，再通过认证机构确认是否有认证过该宠物食品。

——法国国际生态认证中心（Ecocert France）国际业务部，助理认证师露德温·桑德伯格（Ludivine Sandberg）

参考网页：http://goo.gl/Oxk8yi

与美国农业部有机认证不同，由于欧盟国家众多，且每个国家都有本国的有机认证机构，虽然这些有机认证机构都可以从 ECOCERT 的官方网站上查验，但如果经过 ECOCERT 认证的食品来自欧盟以外的国家，则需要各国消费者自行向有关认证机构确认真假。由于手续复杂，流程麻烦，故而大多数铲屎官并不会真去求证，而只能选择相信厂商。

日本 JAS

目前，日本的宠物食品安全法规（Pet Food Safety Law）中没有有关有机标志的使用规定，同时，商品标志规范是由日本消费厅负责的，法源也并非宠物食品安全法规，而是类似商标法的法规。

参考网页：http://goo.gl/STQDGw

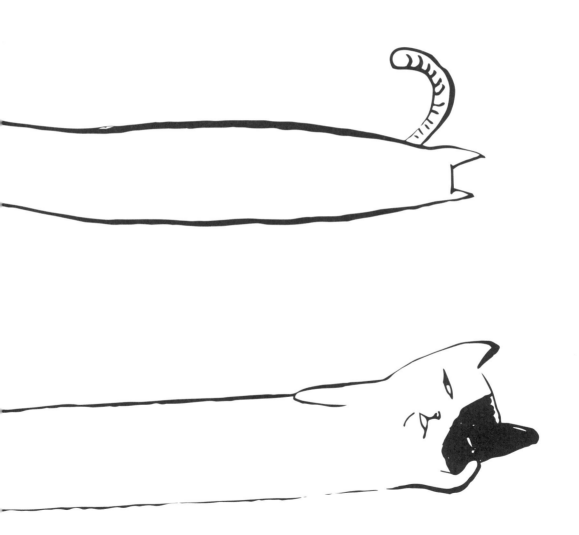

天然

在台湾宠物食品市场上，很多宠物食品的包装上都印有"天然"字样，至于是否属实，则因宠物食品公司而异。

因为台湾大部分的宠物食品是进口的，而包括美国在内，大多数国家的宠物食品主管部门目前尚没有任何关于"天然"标签的使用规范。宠物食品中最常被博主或铲屎官列举的"非天然食品添加剂"是 2,6- 二叔丁基对甲基苯酚（2,6-Di-tert-butyl-4-methylphenol）、丁基羟基茴香醚（butylated hydroxyanisole）以及乙氧基喹啉（ethoxyquin）。上述 3 种化学成分都是抗氧化剂，主要用于避免宠物食品中的油脂被氧化。大多标榜天然无添加的宠物食品会使用天然的抗氧化剂，例如维生素 E、维生素 C 以及迷迭香萃取物。不过，这些"天然"的抗氧化剂在生产过程中，也可能存在非天然的过程。

执着于这些概念其实有点像是鸡蛋里面挑骨头，铲屎官需要重点关注的是，即使宠物食品包装上标有"天然"字样，也不代表其单一的维生素、氨基酸或是矿物质都是天然来源的，例如，宠物食品中常添加的赖氨酸和牛磺酸，就不一定是天然来源。虽然这些营养素的添加并不影响猫咪的健康，却关系到产品是否名副其实，以及铲屎官在选购宠物食品时，是否可以与某个品牌建立信任关系。

人类食用级

这是近年来盛行的食品标签，可惜的是，美国和欧盟都还没有对宠物食品可以标示人类食用级的相关规范。

美国饲料管理协会曾表示，"人类食用级"不能出现在宠物食品包装上，但在2007年，情况出现了变化。一家宠物食品公司与俄亥俄州农业部打官司，美国法院表示，并无法源依据要求宠物食品包装上不能出现"人类食用级"的字样。当时的判决依据是：人类食用级这一标识不存在虚假宣传的问题，也不会造成铲屎官的误解，且宠物食品公司对自己的产品以及原料的品质可依据宪法赋予的权力加以说明。由于这一判例的出现，美国的宠物食品厂商此后便可以大方地在宠物食品包装上使用"人类食用级"这一标签。

铲屎官需要重点注意的是，上述判例中提到的宠物食品公司对自己产品及原料品质的说明并不是强制性的，也就是说，人类食用级的标准以及宠物食品的原料中有多少属于人类食用级是由宠物食品公司自行认定的。

无添加

宠物食品包装上最常出现的与"无添加"相关的标语就是：没有添加任何人工色素、人工香料、防腐剂、动物副产品、抗生素以及激素。此外，由于台湾猫咪的"过敏"变得日益常见，所以"无谷物添加"也出现在了宠物食品的包装上，以标榜产品为"低敏"饲料。

人工色素

人希望食物可以色香味俱全，所以颜色对人的食欲以及食物的选择起着重要作用。不过，大部分的猫咪饲料其实都不会添加人工色素，因为食物的颜色对猫咪的食欲没有明显影响。因此，铲屎官完全不用担心色素问题，几乎所有大品牌的猫咪饲料都不会添加人工色素。

会添加人工色素的宠物食品以零食居多，而这些零食增加色彩最重要的原因不是猫咪，而是满足铲屎官。通常，铲屎官在购买宠物食品时会套用自己对食物的要求，这也是猫咪罐头打开后呈现漂亮整齐外观的原因。

人工香料

我们可以在宠物食品包装上看到"鸡肉风味（Chicken Flavor）"或"牛肉风味（Beef Flavor）"的字样，甚至有些品牌的宠物食品包装上只标注"天然香料"。需要注意的是，真正的天然产品应该是使用鸡肉或鸡汤制作的，而非使用香料制作出鸡肉的风味。

防腐剂

宠物食品公司在食品中添加的防腐剂分为天然的和合成的两种。天然防腐剂包括维生素E、维生素C以及柠檬酸。这些天然防腐剂同样也在人类食品中使用，所以不会造成什么问题。虽然天然防腐剂对脂肪的保存效果不如合成防腐剂，但减少使用合成防腐剂是大势所趋。

动物副产品（By-product）

动物副产品指的是动物屠宰后的内脏部分，而膳食指的是煮过并且去掉脂肪等组织后的部分。上述定义在界定猫咪饲料成分表上的某某肉骨粉是否属于动物副产品，是否存在添加方面比较模糊。这主要是因为美国饲料管理协会对副产品的定义，留下了很大的想象空间，美国饲料管理协会将副产品定义为在制造主要产品的过程中所产生的次级产品。美国饲料管理协会并没有明确规定副产品只能是内脏，所以肉骨粉也可以算作动物副产品。

其他标签

进口饲料包装上的其他常见标签，例如优级、美食家（Gourmet）、全营养（Holistic）等，其使用同样没有参考标准。甚至很多保健品或营养补品也在使用这类标签，因此，如果铲屎官仅靠饲料包装上的标签选择饲料，很可能会误以为这些饲料能够提供足够的营养。此外，2010 年出版的小动物临床营养学教材中也特别提到，"Holistic" 作为一个医学名词，使用在食品包装上并不合适。

在购物时，消费者常常将商品、销售店面和价格联系在一起，并不自觉地认为，在高级门店购买的、价格昂贵的商品是高品质的商品。很可惜，从 2014 年起，台湾的食品问题屡见不鲜，其中很多都是商家通过包装手法让消费者误将高价商品等同于高品质商品。宠物食品也面临同样的问题，加上宠物食品包装上形形色色的标签以及宣传语，让铲屎官挑选合适饲料的难度无形中倍增。

饲料挑选指南

在了解了饲料包装上的诸多用语、成分说明后，对于要如何选择饲料，你是不是仍然感觉一头雾水呢？其实，没有所谓最好的饲料，你只需选择最适合你的猫咪的饲料。在选择饲料时，需要注意以下几点。

1. 主要蛋白质来源应该以部位完整、新鲜的肉类为主，单一原料相对更好（例如，鸡肉比家禽肉更好）；

2. 饲料成分表的第一项或第二项最好是纯肉类；

3. 谷物、蔬菜及其他食物成分最好是未经加工的；

4. 有机食品比一般食品更为健康；

5. 尽量选择不含动物副产品的饲料；

6. 选择含有天然防腐剂（例如维生素 E、柠檬酸）的饲料。

最后需要提醒铲屎官的是，宠物食品包装上的形容词并未囊括成分表中的所有食物原料，铲屎官在购买前应多注意饲料成分表。即使是价格昂贵的饲料，其成分也不见得与普通饲料相差很多，至于饲料能提供的营养，无论是普通饲料还是处方饲料，只要是美国饲料管理协会认证合格的饲料，都可以为猫咪提供足够的营养和维持猫咪的健康。

03

饮食设计

吃饱外还有更重要的事

　　每只猫咪的个性、食量、习惯各不相同，并不是所有猫咪都有类似野生猫科动物的习性，也不是所有猫咪都是只吃高档进口食材的挑嘴猫，因此，铲屎官应该根据猫咪自身的情况来决定合适的喂食方式。

Q1. 猫咪可不可以吃素？

答：不可以。猫科动物都是肉食性动物，它们的牙齿构造、生理机能、消化系统经过长期进化已经适应了消化肉类食物，因此不能吃素。

Q2. 猫咪可不可以只吃罐头？

答：目前，市面上有符合美国饲料管理协会营养要求的猫咪罐头，理论上来说可以将其作为猫咪的主要营养来源，但铲屎官应注意，罐头食品对患有肾脏、肝脏疾病的猫咪而言，其蛋白质含量可能过高，如有必要应选用处方罐头。

Q3. 猫咪可不可以吃鲜食或生食？

答：鲜食可以作为普通干饲料以及猫咪罐头之外的辅助，能够增加食物的多样性，并增进猫咪与铲屎官的感情。不过，在鲜食的食材选择上仍要注意，不能添加猫咪不能食用或是不好消化的食材，以免引发胃肠道问题。

　　猫咪只吃鲜食很容易出现营养素缺乏的问题，不论是参考书中的食谱，还是网络上其他铲屎官分享的食谱，只吃鲜食的猫咪都存在营养不均衡的风险。当然，营养不均衡的问题不会立刻出现，一般需要累积几年后才会对猫咪健康造成明显的影响。目前，台湾尚没有对宠物食谱的营养分析研究，通过参考美国的宠物食谱研究可以发现，大部分的宠物食谱

至少缺乏一种以上的氨基酸，因此，如果需要为猫咪提供鲜食，应同时搭配其他饲料加以补充。

此外，喂食生食近年来变得日益流行。生食理论认为，相比熟食，生食可以减少营养素的流失，而且更接近猫咪原始的食物状态。不过，人类饮食也是从生食发展到熟食的，从而有效降低了食物中毒和病原体污染的风险。当然，降低这些风险所付出的代价，就是营养素的流失，这也是为什么人类要靠多样化的饮食来摄取各种营养素。目前，犬、猫的生食不论是食材的新鲜度、病原体污染，还是在公共卫生风险方面都存在巨大的争议，欧美的兽医医学会、兽医护理医学会都不建议铲屎官为猫咪提供生食，所以我们也不建议铲屎官为猫咪提供生食。

Q4. 猫咪可以任食吗？

答：健康且正常体态的猫咪是可以选择任食的，但以下两种情况的猫咪，应每月监测体重，以免出现健康问题时无法及时发现。

第一，年轻但体态明显变胖的结扎猫咪。任食可能造成猫咪过度摄取能量，如果其体重不断增加，铲屎官就必须更换饲料或是改变饮食类型。

第二，8岁以上的猫咪。任食制让铲屎官难以观察猫咪的进食量。8岁以上的猫咪如果出现身体问题，首先会进食量减少，紧接着是体重减轻。如果铲屎官无法监测进食量，那么应追踪猫咪的体重，以免错失及早发现问题的时机。

 哪种饲料最好？

答：就像关于营养成分的讨论一样，到底是美国国家科学研究委员会提出的营养建议好，还是美国饲料管理协会提出的营养建议好呢？事实上，上述两家机构所给出的营养建议是互补的关系。

美国国家科学研究委员会每隔几年会集结专家学者对其营养建议进行更新，而美国饲料管理协会的营养建议则是饲料行业的规范。虽然美国饲料管理协会并不是美国的官方机构，但美国的各州政府以及美国食品药品监督管理局均有派员入驻美国饲料管理协会在各州的办公室。

讲这么多是为了告诉你，并没有所谓最好的饲料。铲屎官挑选饲料时，第一应确认饲料的营养成分是否均衡，即是否符合美国饲料管理协会的标准，这是挑选饲料的先决条件。第二是尽量挑选老牌公司的产品。虽然此前发生的宝路（Pedigree）毒狗粮事件，以及后来饲料问题的多次曝光让铲屎官对大品牌饲料的信心受挫，但从营养均衡方面来看，大品牌的饲料已经上市几十年，其营养成分是否均衡已经得到许多铲屎官的检验。

03 ／ 饮食
设计

Q6. 猫咪生病时，有没有必要换处方饲料？

答：患有不同疾病的猫咪，其营养需求也有所不同。处方饲料是
在过去的营养研究中，帮助猫咪恢复健康的调整方式。

最早设计的处方饲料是针对狗狗肾衰竭的，因此，针对
肾衰竭处方饲料对疾病控制的研究也做得最多。目前，对于
猫咪肾衰竭的控制，研究人员普遍认为，处方饲料的确有助
于控制猫咪氮血症，延缓肾衰竭的发展。除此之外，长期食
用其他的处方饲料对于疾病的控制效果则难以确定，毕竟这
些处方饲料营养成分的设计需要参考研究成果，而处方饲料
本身的临床实验并不多，而且还有许多其他可能影响使用效
果的因素，例如，对于皮肤过敏，使用处方饲料的效果会因
动物本身是否对环境过敏而打折扣。此外，还要考虑猫咪对
处方饲料的接受程度。如果猫咪不喜欢吃处方饲料，需要搭
配普通饲料或罐头混吃，铲屎官自然难以获得想要的效果。
因此，选用处方饲料时，应多征求宠物医生的意见。

Q7. 猫咪应该喝多少水？

答：多喝水对身体好是大家都知道的道理，偏偏猫科动物浓缩尿
液的能力很强，也就是说，它们可以留住大部分的水分使其
不从尿中流失，因此健康的猫咪很少喝水。

网络上有参考猫咪体重提出的猫咪水分摄入的建议量
表，但这种量表最大的问题是，并未考虑猫咪不同的身体状

况、生活习惯，以及猫咪所处的环境和食用的食物等因素。其实，水分摄入建议量表是宠物医生为猫咪打点滴时才会使用的参考。铲屎官在日常生活中往往会发现，自己的猫咪的水分摄入量是远低于水分摄入建议量表的建议量的。如果强迫猫咪摄入建议量的水分，大部分的猫咪都会被喂到吐，而铲屎官也都不用上班了。

针对个体猫咪给出饮水建议是很困难的，我们建议铲屎官尽量用不同的方式增加猫咪的水分摄入量，这部分在后面的水分摄取章节会有更详细的介绍。喝水的效果可以通过尿液检查中的尿比重判断。正常的猫咪因为浓缩尿液的能力很强，通常尿比重会大于 1.050，如果因为饮水增加使尿液稀释，其比重就会降低到 1.040 到 1.050 之间。不过，如果猫咪尿液的比重低于 1.020，猫咪就可能存在其他健康问题了。

有机饲料是不是比较好？

答：有机食品在人类食品界风头正盛，宠物食品当然也会跟风。不同的是，人类的有机食品多为单一食材，例如有机南瓜、有机地瓜、有机金针菇等，但宠物饲料所用原料并非单一食材，因此，宠物食品厂商标榜的"有机"，通常指的是饲料原料中的某些食材是有机的。虽然有机食材比较好，但是在饲料中仍有部分原料并非有机的情况下，饲料的整体品质不会有太大的改变。

优级或人类食用级也存在同样的问题，更不用说目前对于这两种标签尚无明确的规范。也许，未来会有宠物食品厂商大手笔地将所有的饲料原料都改用有机食品，不过，这样的饲料毋庸置疑会价格昂贵，而且保存期限会很短。

Q9. 无谷饲料是不是比较好？

答："无谷"的概念源于近几年国外宠物市场吹起的健康自然风，当然，也与人类食品行业相关。减少碳水化合物、更为天然，还可以减少食物过敏，是无谷饲料常见的主打卖点，但真相到底如何呢？

有的无谷饲料由于不使用谷物原料，而是改用诸如马铃薯等食材，因此并不能大幅降低碳水化合物的含量。无谷饲料中常见的原料，比如豌豆和马铃薯，并不像部分铲屎官认为的那样较为天然，或是贴近猫咪祖先食用的食物。

无谷饲料可以降低猫咪食物过敏反应的说法也存在争论。在猫咪食物过敏的少量研究中，最完整的是 1990 年发表在美国《兽医皮肤科》(*Veteinary Dermatology*) 上的研究成果。研究者针对 56 只食物过敏的猫咪逐一分析其过敏原，结果显示，其中 45 只猫咪的过敏原为牛肉、奶制品以及鱼类，4 只猫咪的过敏原是玉米。虽然从统计学上来说，研究的样本数偏小，但还是可以看出端倪，玉米似乎不是猫咪主要的食物过敏原，蛋白质才是。

并不是说无谷饲料不好，只要无谷饲料调配得当，同样可以为猫咪提供均衡的营养，只是无谷饲料只能算是宠物食品中的一个选项，并非比一般饲料更好。

Q10. 老猫是不是该吃老猫饲料？

答：不同年龄阶段的猫咪会有不同的营养需求，所以老年猫咪（一般指 8 岁以上的）应换吃老猫饲料。

不过，目前市面上的老猫饲料有个问题，即大部分老猫饲料都只是基于老猫的新陈代谢下降、无法负担过多的蛋白质，以及消化能力降低等问题进行调配的。不过，在新陈代谢率下降方面，2014 年的兽医临床营养学研究已经指出，猫咪与人类和狗狗不同。猫咪是一个很特别的物种。大部分的动物，包含人和狗，都是年纪越大，新陈代谢率越低，而猫咪在它们年纪很大的时候（一般认为是 12 岁以上），新陈代谢反而会加快。同时，老年猫咪的吸收以及消化能力变差，两者叠加的结果，就是猫咪的体重开始下降，而体重不足的猫咪往往会较早死亡。

理论上，老猫饲料应提供更容易吸收的营养以及适当的能量，对于 12 岁以上的猫咪则应提供更多的能量。不过，大部分网络信息都只提到老猫的新陈代谢下降、无法负担过多的蛋白质，以及消化能力降低等方面，而没有考虑猫咪物种的独特性。既然有新的研究结果表明猫咪物种的代谢独特性，也许未来会有更细分的老猫饲料供铲屎官选择。

　　针对猫咪的喂食方式，在宠物医生以及动物行为学者间争论不断。

　　有学者认为，应该采取不定时、不定量的方式喂食猫咪，如此才符合野生猫科动物进食的习惯，对其身体最好。也有学者认为，家猫已经被人类驯化了上千年（古埃及已经有人类饲养猫咪的记录），其生理机制以及生活习惯早与野生猫科动物不同，即使不采取不定时、不定量的喂食方式也能达到维持家猫身体正常运转的目的。

　　在有更进一步的研究成果之前，学术界的争论是不会有结果的，因此我们还是建议铲屎官根据猫咪的自身状况来选择合适的喂食方式。毕竟，每只猫咪的个性、食量、习惯各不相同，不是所有猫咪的生活习性都像野生猫科动物一样，也不是所有猫咪都只吃高档进口食材的挑嘴猫。

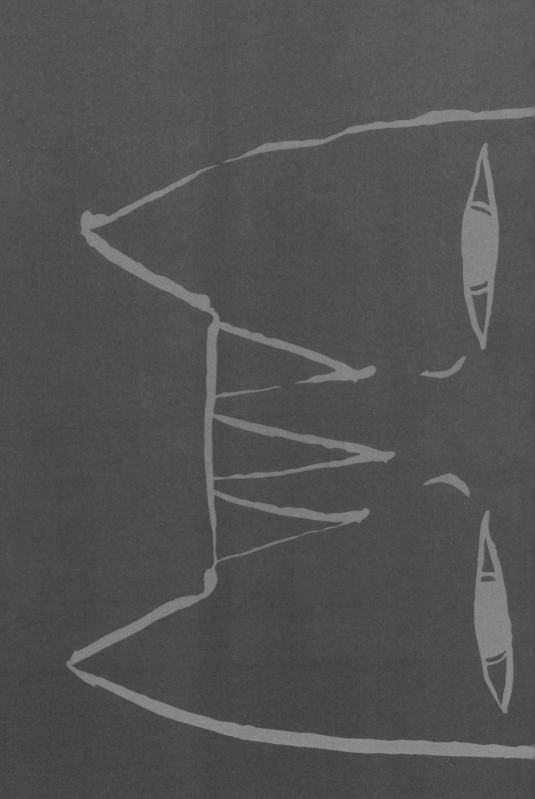

任食制

这是目前大多数铲屎官选择的喂食方式，除了饲料，偶尔也会辅以湿食。任食制是指保证食物供应，使猫咪随时可以进食的喂食方式。这意味着任食制给予猫咪的喂食量超过其营养所需，故而可能导致猫咪能量摄入过多。因此，采取任食制喂食，在维持猫咪正常体态上，只能依靠猫咪自行控制能量摄入。

2006年，美国国家科学研究委员会的研究发现，30%~40% 的宠物会因为任食制的喂食方式而肥胖。不过，近几年的研究显示，在采取任食制喂食时选择低脂肪食物，可以在一定程度上避免猫咪肥胖。所以，只要配合适当的食物，任食制也是可以避免肥胖问题的。

优点：

猫咪可以在一天当中多次少量进食，这与野生猫科动物的进食方式相近。而且，任食制对铲屎官来说最为省力，对于进食速度较慢、每次食量不大的猫咪来说也非常适合。不过，对于采取任食制的多猫家庭，铲屎官要特别关注相对弱小的猫咪是否能吃到足够的食物。

缺点：

为了避免食物长时间暴露于空气中导致变质，任食制只能使用干饲料。此外，铲屎官不容易在猫咪食欲下降的早期发现问题；对于家庭中地位较低或较弱小的猫咪，铲屎官也难以观察其食欲。最重要的是，任食制可能导致猫咪因过度进食而肥胖。

限时喂食

这一方式是让猫咪在固定时间进食，但不限制猫咪的进食量。但因为限时喂食不符合猫咪的进食习惯，所以很少被使用。

限量喂食

许多动物营养学家都建议使用限量喂食的方式，通常一天需要喂食两次。

优点：

便于铲屎官在喂食的时候观察猫咪的食欲，并且根据猫咪的体态变化来调整喂食量，进而控制猫咪体重。

缺点：

铲屎官需要花费较多的时间等待猫咪吃完，对铲屎官的时间安排影响较大。

猫咪适合哪种喂食方式要看猫咪是否有特殊需求。对于大部分健康猫咪，可以选用任食制，对于患有慢性疾病（糖尿病、肾脏病、心脏病等）的猫咪，最好限量喂食，以便观察猫咪的进食状况，从而判断其疾病的控制情况。

接下来，我们讨论最重要的一个主题：到底该选择哪种食物来喂养自己的猫咪呢？

事实上，没有哪一种饮食适合所有的猫咪。

就像前几个章节中不断强调的，每只猫咪都是一个独特的个体，有自己的新陈代谢率、活动量、居住环境、饮食习惯以及品种特性，铲屎官没有办法将一个固定的方案套用在所有猫咪身上，最好的方式还是根据自己猫咪的具体状况进行选择。

首先，我们应该收集猫咪的生活资料，包括其年龄、品种、是否结扎、目前的饮食类型、有无与其他猫咪同住、有无疾病、现在喂食的饲料等（见下表）。接下来，铲屎官要分析猫咪是否喜欢现在的食物，猫咪的体态以及健康状况是否有需要注意的地方，以及家中的其他成员能不能配合控制猫咪的食物来源。

猫咪基本生活资料

年　　　　龄：　　　　　岁　品种：

结　　　　扎：□是　　□否

目前饮食类型：□干饲料　　□湿食　　□生食　　□其他

同 住 的 猫 咪：　　　　　只

现 在 所 用 饲 料：　　　　　品牌

喂食方式：□任食制　　□限量喂食

家中其他成员（人）：

铲屎官本身偏好的饮食：（例如素食？）

了解猫咪及其生活状况后，就可以开始选择食物了。在挑选饲料或罐头时，建议遵循以下两大准则。

准则 1：选择有信誉的饲料品牌

通常，这些品牌也是市面上较大且历史较悠久的饲料公司旗下的品牌。选择有信誉的饲料品牌最重要的原因是，这些公司的小动物营养师以及研究人员，是目前在小动物营养学领域研究最多、最深入的一群人。虽然有许多学者以及铲屎官提出，饲料公司的研究存在利益捆绑问题，但纵观目前发表的小动物营养学论文以及小动物营养学教科书的作者群体，饲料公司的贡献与创新是不可否认的，毕竟，饲料公司是最有动力、最能调动资源从事这些耗时费力的营养学研究的。

许多铲屎官担心的是，大型饲料公司也会出现饲料问题。的确，这是我们无法掌控的，从 2014 年台湾爆发的"食安风暴"来看，大公司也会有内部流程漏洞以及采购造成的食品安全问题。不过，相较于小型饲料公司的内部管理和饲料品质管控，大型饲料公司维持饲料品质的能力及资源投入无疑更为可靠。

准则 2：选择符合美国饲料管理协会营养标准，并通过其验证的饲料

美国饲料管理协会营养标准是根据美国国家科学研究委员会于 2006 年发布的犬、猫营养建议加以调整后制订的。美国饲料管理协会虽然是非官方的民间组织，但多年来致力于将美国国家科学研究委员会于 2006 年出版的《犬、猫营养需求》(*Nutrition Requirement of Dogs and Cats*)[1]中的建议，转换成饲料行业可使用的标准，并设计出饲料营养实验的流程，以验证饲料厂商的产品是否符合动物不同生长阶段的营养需求。

美国饲料管理协会有两个很重要的功能：

1、建立实际饲料产品的生产标准；
2、设计针对动物不同生长阶段的饲料产品的营养实验的流程。

饲料公司可以依据这些标准以及实验流程来制造自己的饲料。需要强调的是，美国饲料管理协会是非官方组织，美国各州政府可以选择采用美国饲料管理协会的标准，也可以自行设定标准，同时，它们无法要求或通过法规规定饲料公司一定要做营养学实验，来验证长期食用其饲料的动物不会出现营养不良的问题。

因为营养学实验花费不菲，且往往需要数年时间来验证饲料对动物的长期性影响，所以近年来，越来越多的小型公司或新的饲料公司，都是优先考虑符合营养标准的问题，至于营养学实验，在时间或资金不充足的情况下往往会被省略。

虽然这样做并不违反相关法规，但是会增加消费者的疑虑。最近流行起来的"生食"就是一个很好的例子。

生食的原料可以是有机的，必需营养素的含量也能符合美国饲料管理协会的标准，但并无真正长期的营养学实验验证生食的功效，也没有针对不同年龄段动物的营养学实验验证生食是否足够满足动物的需求。而且，生食大规模使用的时间尚短，消费者无法收集足够的信息来判断这种产品是否存在营养问题。因此，不论是美国兽医期刊，还是营养学的教科书，目前都不建议铲屎官给予猫咪生食。

---

① 《犬、猫营养需求》是美国国家科学研究委员会在 2006 年出版的书籍。这本书虽然常常被人提及，却很少有人真的读过。

这本由全美各大学的营养学教授，以及相关领域的研究人员共同编写的专业著作厚达 424 页，从犬、猫的消化系统到单个营养素的分析，都介绍得巨细无遗。本书的上一个版本出版于 1986 年，在 2006 年出版的新版中，很多营养素的建议摄入量都参考了美国饲料管理协会的建议。

网络上总是有人说："美国饲料管理协会的标准不过就是简化了美国国家科学研究委员会的建议。"但真正读完这本书你才会了解，学者并非制造商，书中介绍的犬、猫所需的营养成分摄入量、必需营养素、维生素、氨基酸、微量元素以及特别需求等内容太过学术化，在经过美国饲料管理协会的解读与调整后，才能成为适合饲料生产的数据。

相较于狗狗，猫咪较少出现食物中毒的情况，可能是因为猫咪不像狗狗那样常在地上东闻西闻。不过，猫咪的好奇心很强，一旦误食有毒食物，情况往往会很严重。

常见的有毒食物

厨房常见的辛香调味料

洋葱和大蒜这一类新鲜的辛香料因为味道较重，猫咪一般不会直接吃，但经过干燥、磨粉或是烹煮的辛香料有可能被猫咪误食。一旦误食洋葱，猫咪的红细胞会被破坏，导致猫咪出现贫血、精神不振、食欲下降、尿液呈红色，以及舌头苍白等症状。大蒜或其他调味料，则可能造成猫咪胃肠道发炎，引发呕吐以及下痢。

奶制品

牛奶以及乳酪制品也经常造成猫咪胃肠道发炎。许多铲屎官可能以为猫咪可以喝牛奶或是羊奶，但实际上，大多数的猫咪都对乳糖不耐受，因此给予过多的奶制品容易造成猫咪呕吐及下痢。

至于浓缩的乳酪，也有同样的问题。如非必要，不建议额外给予猫咪奶制品。

酒类

显而易见，酒对猫咪是一定不好的，且临床上还有过猫咪酒精中毒的案例。只要两茶匙酒精浓度为 40% 的威士忌，就足以让一只体重为 2.5 kg 的猫咪陷入昏迷。临床上的酒精中毒案例，除了少数有嗜酒癖好的猫咪，比较常见的情况都是铲屎官不小心打翻酒瓶，或是派对后没收起来的酒被猫咪误食，直接喂食猫咪酒类的情况则很少见。

葡萄

近年来，越来越多的铲屎官意识到，葡萄或葡萄萃取物会对猫咪的肾脏造成伤害。葡萄对犬、猫肾脏有害最早见于美国的报道。许多狗狗因肾脏衰竭死亡，并在解剖后发现其肾脏中存在不明的结晶，分析这些结晶后发现，这些因肾衰竭死亡的狗狗都有食用葡萄的历史。之后，研究人员发现葡萄中的某些物质会在狗狗的肾脏中形成结晶沉淀。继而人们发现，食用葡萄的猫咪也存在同样的问题。

虽然目前对于葡萄中造成犬、猫肾脏产生结晶的物质还没有定论，但可以确定的是，猫咪应避免食用葡萄，铲屎官也应避免将葡萄放在猫咪够得到的地方，因为许多猫咪很喜欢葡萄的香味。

咖啡因

咖啡因会刺激猫咪的交感神经，使猫咪呼吸加快、心跳加快、肌肉颤抖、呕吐、下痢，严重的话会导致死亡。

直接喝咖啡的猫并不常见，但的确有猫咪食用咖啡粉的临床案例。此外，可可粉、巧克力、可乐、红茶等含有咖啡因的食品也都可能被猫咪误食，国外近来也有猫咪舔食提神饮料造成咖啡因中毒的案例。铲屎官在饮用提神饮料时，也应小心避免猫咪误食。

巧克力

巧克力对猫咪或狗狗而言，都可能导致其中毒，其中导致犬、猫中毒的物质是可可碱。市场上大多数巧克力的可可碱含量不高，但即便是白巧克力，也是含有可可碱的。

可可碱含量最高的应该是烘焙用可可粉，因此，有在家中自行烘焙糕点或面包习惯的铲屎官在使用烘焙用可可粉时应多加小心，使用后应将其保存在猫咪接触不到的地方。黑巧克力的可可碱含量也比较高，如果猫咪误食黑巧克力到中毒剂量的话，可能会出现心律不齐、肌肉颤抖、癫痫等症况，严重时甚至会死亡。

木糖醇

近年来，木糖醇在人类零食以及糖果、口香糖中被大量使用，有些牙膏中也添加了木糖醇。虽然木糖醇对人类无害，还有协助保持口腔健康的功效，但木糖醇会造成猫咪血液中胰岛素浓度大增，使猫咪的血糖下降，严重时会导致猫咪抽筋，甚至休克。此外，木糖醇还会造成猫咪肝脏衰竭，因此，铲屎官应避免让猫咪接触含有木糖醇的食品及用品。

至于市面上某些宣称其中含有木糖醇的宠物用品，例如动物用的洁牙骨或洁牙片，是不能给猫咪使用的。

生食

目前，不建议将生蛋等生食给予猫咪作为营养来源。主要原因是，生蛋等生食中可能含有沙门氏菌或大肠杆菌等病原体，容易造成猫咪细菌感染。再者，生蛋蛋白中含有抗生物素蛋白（Avidin），这种物质会干扰维生素 B 的吸收，长期食用生蛋会造成猫咪出现皮肤问题。

生鱼肉中则含有一种会造成维生素 B_1 吸收异常的酶，长期食用生鱼肉会导致猫咪体内的维生素 B_1 不足，造成严重的神经问题，导致猫咪抽搐甚至昏迷。

各种动物肝脏

只能将少量动物肝脏作为猫咪的零食，食用过量的动物肝脏类制品，尤其是鱼肝油，会导致猫咪维生素 A 中毒。维生素 A 中毒会造成猫咪出现严重的骨骼问题，不仅是四肢骨骼，猫咪的脊椎骨也会受到影响。

生面团

以往猫咪误食生面团的案例在台湾比较少见，不过，随着近年来越来越多的人喜欢在家中自行烘焙糕点、面包，猫咪误食生面团的案例也多了起来。铲屎官在家烘焙糕点面包时，应该特别注意，不要让猫咪接近生面团。猫咪误食生面团后，面团会在猫咪的胃中膨胀，导致猫咪出现胃痛，同时，生面团发酵过程中会产生酒精，这会使猫咪出现酒

精中毒的症状。

人类药品

猫咪误食人类的药品在台湾很常见，甚至有时候是铲屎官主动给予猫咪人类的药品。但猫咪毕竟不是人类，它们的生理机能、肝肾代谢能力与人类不同，我们的常备药物不见得可以在减少计量后给猫咪喂食。

铲屎官最常给予猫咪的人类药品是抗生素和止痛药，而止痛药物很容易造成猫咪出现急性肝炎以及胃肠道出血。

百合

很多人都有在家中用花卉装点的习惯，百合更是十分受欢迎的花卉。但是铲屎官要注意，百合的花、叶甚至任何一个部分被猫咪误食，都会给猫咪的肾脏造成严重的损害，所以，养猫家庭应避免在家中摆放百合。

其他可能造成猫咪中毒的植物还有孤挺花、杜鹃花、蓖麻、菊花、仙客来、常春藤、长寿花、夹竹桃、白鹤芋、绿萝、苏铁、西班牙百里香、郁金香以及紫杉。

水是动物必需的物质之一，对铲屎官来说，水也是他们最关注的。猫科动物天生擅长浓缩尿液，所以它们的水分摄入量自然不多。但是对老年猫咪或是有疾病的猫咪来说，水的摄入就变得十分重要了。

　　大多数的铲屎官在水的供应上都较为随意，对于健康的猫咪，它们可以根据身体需要自行摄入所需的水分，因此，除了部分处方饲料会以增加猫咪的水分摄入为目标外，水分的摄入并非大多数的饲料制造商的关注重点。

　　猫咪的水分流失主要有以下三种途径：呼吸、尿液以及粪便。猫咪在补充水分时，很少一次性大量饮水，通常是间断性地饮水。如果铲屎官观察到猫咪一直守在水盆旁边喝水，很可能是猫咪的身体出了问题，例如糖尿病或者肾脏疾病。

　　猫咪的水分摄入量也会受到食物中水分含量的影响而有所增减。如果是吃罐头为主的猫咪，通过饮水摄入的水分就会减少。此外，食物中的蛋白质含量同样会影响猫咪的水分摄入。食物中蛋白质的含量越高，猫咪的水分摄入量就会越多，但此种方式不适合用于肾脏或肝脏有问题的猫咪。

猫咪的水分摄取指标

一般来说，对于健康的猫咪，铲屎官可以让其自行决定摄入水分的多寡。至于猫咪每天到底需要多少水分才足够，有一个简单的经验法则可以帮助铲屎官判断：猫咪每日所需水分的毫升数等于其每日所需能量值。铲屎官只需计算或是查阅本书的"成年猫咪维持能量需求表"（参阅第12页）得出猫咪每日所需能量值，自然能够得到猫咪每日所需水分的量。

虽然我们可以通过计算每日所需能量得到猫咪每日所需基本水分的量，但是铲屎官仍需注意，在给予猫咪水分时，还需要考虑猫咪的个体差异性及其生理状况，例如，有没有疾病。对于有特殊疾病的猫咪，例如肾衰竭、膀胱发炎、尿道结石以及患有下泌尿道疾病的猫咪，铲屎官必须额外为猫咪补充水分。

水分摄取不足对猫咪的影响

猫科动物可以生活在极度缺水的环境中，它们已经发展出可以长时间不喝水的生理功能。猫咪比人类以及狗狗浓缩尿液的能力更强，如此可以减少平时的水分流失，所以即使出现身体脱水的情况，猫咪的症状也比其他动物发展缓慢。这也是相比狗狗，肾脏疾病更常见于猫咪的原因。

长久以来，计算猫咪的水分需求一直是个大问题，因为实验计算出来的数值无法适用于所有的猫咪，甚至年轻健康的猫咪的实际水分摄入量会远低于计算值。

下泌尿道疾病

猫咪浓缩尿液的能力可能造成一些健康问题，最常见的就是下泌尿道疾病。

越浓的尿液越容易产生结晶，这些结晶就算不大，也可能会阻塞尿道。虽然尿液的 pH 值同样会影响结晶的形成，但是，通过增加猫咪的饮水量来降低尿液浓度，是预防猫咪下泌尿道疾病最方便的方式。

由于猫咪的饮水量对于预防下泌尿道疾病的重要性，很早就有针对"只吃干饲料的猫咪是否能摄入足够的水分"和"只吃干饲料是否会增加猫咪下泌尿道疾病的发生风险"的研究。近年来的研究发现，影响猫咪水分摄入的关键是食物成分，因此，给予猫咪多样化的食物，例如，干饲料搭配罐头，可以有效减少下泌尿道疾病的发生，同时确保营养的均衡。

鼓励猫咪多喝水

观察猫咪的个性，选择合适的方式鼓励猫咪多喝水，例如，可以在家中多放几个不同形状和颜色的水盆。有的猫咪喜欢喝流动的水，可以考虑摆放喷泉式的水盆；如果猫咪喜欢喝铲屎官杯子里的水，则可以在猫咪活动区域的不同位置多放一些水杯。

此外，对于喜欢吃罐头的猫咪，也可以用罐头加水的方式来增加猫咪的饮水量。最后要提醒多猫家庭的铲屎官，一定要摆放比猫口数更多的水盆以及猫砂盆，如此才不会让家庭地位较低的猫咪水分摄入不足，或是出现憋尿的状况。

对于宠物商店货架上琳琅满目的猫咪零食、副食品和保健品，猫咪到底需不需要，也是铲屎官常见的困扰之一。

零食与副食品

零食

原则上，常见的猫咪零食，例如小鱼干，只要不是作为主食，都可以偶尔给予猫咪。给猫咪喂食适当的零食可以增进猫咪与主人的互动，增加猫咪的食物多样性，甚至某些可加入水中的零食还可以增加猫咪的饮水量。

不过，铲屎官在喂食肉干类等烘焙零食时应特别注意两件事情。第一，肉干类零食较为坚韧，应剪成小块后再给予猫咪，以免消化困难增加猫咪胃肠道负担，甚至由于肉干过大阻塞胃肠道。第二，有些烘焙零食油脂含量很高，不建议有胰腺炎病史，或是患有慢性胰腺炎的猫咪食用这类零食。

水果和蔬菜

水果和蔬菜对猫咪的营养没有直接帮助，身为肉食性动物的猫咪也对蔬菜水果的兴趣较低。不过，还是常听到有铲屎官说猫咪会吃水果或蔬菜。

食用少量的水果和蔬菜不会对猫咪的身体健康造成影响，不过，对于有尿道结石病史，或是患有下泌尿道疾病的猫咪，尤其是有草酸钙结石的猫咪，应避免给予其水果和蔬菜，以免增加猫咪尿液中的草酸浓度，进而导致结石形成。此外，葡萄会对猫咪的肾脏造成损害，洋葱和大蒜会破坏猫咪的红细胞，铲屎官应避免猫咪食用它们。

猫草及化毛膏

家猫每天约有八成的清醒时间在理毛。台湾的气候较为炎热，猫咪掉毛的状况更为严重，尤其是长毛猫。猫咪理毛后往往会吞下大量脱落的毛发，这些毛发在胃肠道中会形成毛团，导致胃肠道蠕动减缓，严重的甚至会造成阻塞。

我接诊过很多由于毛球问题呕吐管状食物团块的猫咪，其中有些猫咪可能只是单纯地呕吐黄白色泥状物或是饲料泥。猫咪如果出现间歇性呕吐，但精神食欲正常，可先给予猫草或是化毛膏，症状严重时可以每3天按照产品说明上的建议量给予一次，症状较轻的可以

5~7天给予一次。不过，如果猫咪连续呕吐或是精神食欲已经变差，应带猫咪至宠物医院检查有无其他胃肠道疾病。

木天蓼与猫薄荷

木天蓼与猫薄荷应该是许多猫咪的最爱，铲屎官也常询问是否可以给予猫咪这类舒压食品。这两种植物的成分具有帮助猫咪缓解焦虑的作用，所以平时偶尔给予猫咪这两种植物是没有问题。但如果高频使用，它们对猫咪的作用效果就会变差。在搬家或是转换环境时，可以使用木天蓼或猫薄荷来缓解猫咪因环境改变产生的紧张情绪，从而减少猫咪因忧郁症而过度理毛，或是患上间质性膀胱炎的概率。

保健品

目前宠物市场上发展最迅猛的板块就是保健品，随着人类保健品越来越丰富，许多人类食用的保健品也被应用到宠物身上。保健品种类繁多，我们很难一一介绍，但在挑选时，铲屎官应遵循理性客观的原则，因为保健品厂商常夸大保健品的实际效果，或是利用宣传误导铲屎官。

一般来说，保健品的作用是"减少疾病的发生"，目前尚无任何保健品可以确保在食用后"避免生病"或具有"针对性治疗效果"。如果某种保健品具有避免生病或治疗某种疾病的功效，那么厂商肯定会将其作为药品而不是保健品上市。再者，对于诸如肾衰竭、心衰竭以及肿瘤等无法治愈的疾病，如果靠保健品就能消除，那么研发这些保健品的科学家不仅造福了动物，更将成为全人类的救星。

在选用保健品时，应多听取宠物医生的意见，不能轻信厂商的一家之言或是传单上宣传的功效，如此才能避免损害宠物的健康。近期，保健品误用最常见的案例就是部分铲屎官将降磷药物误用在肾衰竭初期血磷正常的宠物身上。

本书中的各个章节都有介绍适合不同身体状况猫咪的保健品，可根据猫咪的身体状况进行查阅。对于健康猫咪，本书只会介绍有研究结果的保健品。

鱼油（Fish oil）

鱼油富含天然不饱和脂肪酸，尤其是其中的二十碳五烯酸（EPA）和二十二碳六烯酸（DHA），被证实可以抑制过敏性皮肤炎。鱼油中不饱和脂肪酸的抗氧化能力同样对身体的其他器官有效。目前，已有鱼油作用于心脏、神经系统、肝脏的报道，不过具体效果尚待验证。

一般来说，可以直接给予健康猫咪鱼油，给予的量可以通过计算猫咪所需的 EPA 获得。通常，猫咪每千克体重应补充 40 mg EPA。

在选择鱼油时要特别注意两点。第一，不要使用鱼肝油。由于鱼肝油中维生素 A 含量过高，猫咪服用鱼肝油可能出现中毒症状，甚至死亡。第二，应选购标明 EPA 以及 DHA 含量的鱼油。不要使用成分表上没有标明 EPA 和 DHA 含量的鱼油，因为很难判断这样的鱼油给予猫咪的剂量是否足够。

少数猫咪在服用鱼油的时候会呕吐或是不愿食用。如果出现这种情况，则不应强迫猫咪继续服用鱼油。

氨基葡萄糖（Glucosamine HCl or Sulfate）

氨基葡萄糖常用于患有退化性关节炎的猫咪。作为关节囊液中的重要成分，理论上，补充氨基葡萄糖可以促进关节囊液的再生，进而减轻关节疼痛，甚至延缓关节炎的发生。

问题是，口服氨基葡萄糖对关节囊液再生的效果尚无研究可以证实，故而网络上不少文章认为，氨基葡萄糖对于猫咪退化性关节炎没有效果。不过，在极少数的回溯性研究中，参与研究的铲屎官认为，猫咪在服用氨基葡萄糖后，其疼痛程度有所减轻，因此可以考虑以每千克体重 25 mg 的量给予猫咪氨基葡萄糖。案例详情见本书有关退化性关节炎的部分。

过量服用氨基葡萄糖有没有副作用呢？理论上，大量服用可能会造成猫咪的凝血功能异常，但是从实际应用来看，

截至目前，尚无因过量服用氨基葡萄糖导致凝血功能异常的案例，不过，铲屎官还是要注意，给予猫咪稍微超出建议剂量的氨基葡萄糖不会有问题，但不宜明显过量。

L- 赖氨酸（L-Lysine）

L- 赖氨酸可以抑制猫疱疹病毒的复制，因此常被用于感染猫疱疹病毒的猫咪。猫疱疹病毒是最容易造成猫咪眼部、上呼吸道以及口腔问题的病毒，携带猫白血病或猫艾滋病病毒的猫咪感染猫疱疹病毒后，甚至可能引发视神经炎。不过，健康猫咪感染猫疱疹病毒后的症状通常并不严重，一般的对症治疗手段就可以改善症状。虽然目前有针对猫疱疹病毒的药物，但这些药物在给猫咪使用后常伴随严重的副作用，例如呕吐、下

痢，甚至是骨髓抑制。因此，对猫咪使用针对猫疱疹病毒药物的情况并不常见，这样一来，L- 赖氨酸就成为辅助治疗猫疱疹病毒的常备选项。

注意，猫咪感染卡里西病毒的症状与猫疱疹病毒类似，L- 赖氨酸对于感染卡里西病毒的猫咪并无效果。此外，铲屎官给予的 L- 赖氨酸不足量也会影响治疗效果。L- 赖氨酸的建议剂量为：不论体重，每次 500 mg，一天两次；对于症状得到缓解的猫咪，不论体重，每次 250 mg，一天两次。

必须强调，虽然 L- 赖氨酸可以抑制猫疱疹病毒复制，但不能杀灭猫疱疹病毒。此外，猫咪眼部问题也并不全是猫疱疹病毒导致的。不能单纯地认为，使用 L- 赖氨酸就可以控制所有的猫咪眼部或呼吸道问题，如若猫咪在服用 L- 赖

氨酸后症状没有得到缓解，应及时寻求宠物医生的帮助。

益生菌（Probiotics）

近年来，不管是在人类医疗领域还是兽医领域，益生菌都相当热门。实际上，很多人对益生菌知之甚少，只是通过其名字判断它似乎是好东西。

益生菌是活性微生物，理论上来说，摄入足够量的益生菌可以改善健康。目前，没有任何研究证明，益生菌可以治疗疾病，不过研究显示，益生菌在胃肠道疾病、过敏性疾病、糖尿病、肥胖、肝脏疾病的辅助治疗上是有帮助的。至于厂商宣称的益生菌可以降低猫慢性肾衰竭氮血症，还需要更多的临床研究加以证明，至少目前的证据不够充分。

益生菌在使用上没有建议剂量，都是依照经验来确定的，所以很难给出一个标准。根据美国伊利诺伊州立大学（Illinois State University）内科专科兽医玛塞拉·D. 里德威（Marcella D. Ridgway）发表于 2013 年的一篇专文可知，虽然美国市场上存在大量的动物用益生菌产品，但只有三家公司的益生菌产品符合其包装上的成分以及菌含量的描述，其他益生菌产品的实际成分与其成分表的描述并不相符，所以，进口的益生菌产品也并不能保证质量。台湾目前没有益生菌产品成分的相关规范，所以即便是宠物医生也只能单方面相信厂商所提供的成分表。对于益生菌的使用，我的建议是，在购买前仔细阅读厂商的研究分析，并避免购买包装粗糙的产品。

适龄饮食

不同年龄猫咪的喂食

不同年龄、不同状态的猫咪的喂食方式与食量各不相同。铲屎官需要根据猫咪的毛发是否柔顺、猫咪的活力是否充足、猫咪的体重变化，以及猫咪的皮下有无脂肪判断猫咪是否营养充足，并及时调整猫咪的喂食方式。

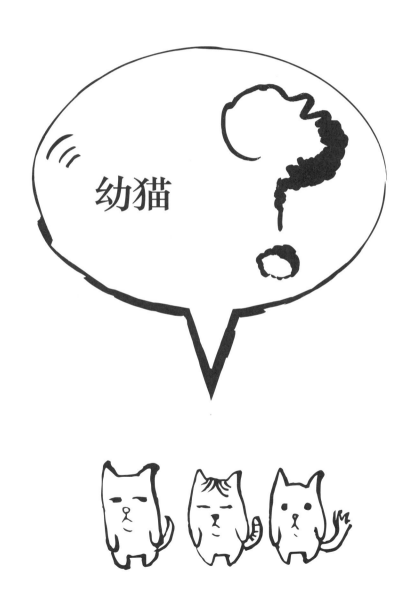

幼猫的一般喂养

1月龄以下的幼猫，最适合母乳喂养，最好由母猫养育。如果遇到没有母猫养育的情况，例如，母猫因难产死亡或母猫奶水不足，铲屎官对幼猫的养育就变得十分重要。

在开始介绍前还要强调一点，幼猫最好由经验丰富的人来喂养，以保证其存活率。如果没有合适的人选，那么喂养人必须有心理准备，因为需要付出很多时间和精力，才能提高幼猫的存活率，且并非一定可以养活。

喂食方式与喂食量

喂养幼猫应选用"代乳粉"，因为大多数自行调配的饮食，无法满足幼猫的生长需求。应由具备专业资质的兽医营养师检视食谱是否可用，但台湾并没有相关认证的兽医营养师，普通营养师对幼猫的营养需求也不了解，因此不建议自行调配。

至于使用牛奶或羊奶作为母乳替代品，则是影视作品的误导。实际上，牛奶或羊奶中的脂肪、蛋白质以及能量都不足以为幼猫提供足够的营养。

大部分的代乳粉，包括台湾目前常见的代乳粉产品，每毫升至少含有 1 kcal 的能量，冲泡时需要进行稀释。虽然稀释会造成每毫升的能量有所减少，但可以降低幼猫腹泻的概率。

代乳粉的喂食量应该依照产品说明。一般来说，市场上常见的代乳粉的用量从每 100 克体重 10~20 ml 不等，铲屎官应根据幼猫的体重变化随时调整代乳粉的用量。

喂食频率应根据幼猫的具体情况各自调整。对于刚出生或是身体虚弱的幼猫，应每 2~3 小时喂食一次，注意缓慢喂食，避免幼猫呛奶。对于 3 周龄以上的健康幼猫，应每 6~8 小时喂食一次。喂食完毕后，应使用温热的毛巾或卫生纸，轻轻摩擦幼猫的生殖器与肛门，刺激幼猫排尿及排便。

喂食器具

对于刚出生未满 1 周龄或是身体十分虚弱无法吸吮的幼猫，可使用滴管或针筒喂食；对于较健康的幼猫，则可以使用奶瓶喂食。

奶瓶喂食是比较安全且简单的方式，但会耗费较多时间，尤其在需要同时喂养多只幼猫时，铲屎官常常半夜都不能睡觉。使用滴管或针筒喂食并不困难，经过宠物医生，或是有经验的猫咪哺育员指导后，大部分铲屎官都可以顺利喂食幼猫。使用滴管或针筒喂食时也应小心，避免猫咪在喂食过程中呛奶。

营养评估

应经常评估人工喂食的幼猫的营养状况。铲屎官可以通过猫咪毛发是否柔顺、活力是否充足，以及体重变化判断猫咪的营养状态。

猫咪的体重是营养评估的重要判断依据。理论上来说，人工喂养的猫咪的体重增长速度应与母猫喂养相同。幼猫体重的增长速度应为每天 18~20 g。幼猫应该充满活力，如果幼猫一直叫，有可能是其身体不舒服或是进食不足。对于这类幼猫以及体重增长不足的幼猫，铲屎官应重新检视其喂食计划，或是咨询宠物医生。

离乳猫

所有的幼猫，不论是母乳喂养还是人工喂养的，都应在猫咪 3~4 周龄时开始鼓励其食用离乳饲料。猫咪在这一阶段食用的饲料，应是专门为离乳猫设计的离乳饲料或幼猫饲料。

喂食方式与喂食量

喂食时，应先用温水将干的离乳饲料泡软，使其成泥状后再给幼猫食用。幼猫断奶后刚开始食用离乳饲料时，铲屎官可用汤匙辅助幼猫进食，待猫咪适应后，再将离乳饲料放到容器中让幼猫自己进食。如果转换过程中幼猫无法适

应，例如，出现体重下降或是腹泻的情况，则应同时给予幼猫代乳粉，或由母猫喂奶来维持其营养需求。

市面上有针对离乳猫的特殊饮食需求设计的罐头和泥状食品，但与幼猫干饲料或离乳猫干饲料相比，此类食品能否支持离乳猫的营养需求大都未经过营养实验证明，厂商宣传的功效并不一定有效，购买时需注意。

至于把饮食完全转换为干饲料的时机，则取决于幼猫牙齿生长的速度。一般两月龄以上的幼猫可以进食小颗粒的幼猫干饲料。铲屎官还可以通过观察幼猫牙龈最后方的大牙是否已经完全长出判断转换干饲料的时机，待大牙没有牙龈包覆后，再开始慢慢转换成干饲料。

营养评估

离乳猫的体重增长难以定量，对于1~2月龄的猫咪，建议观察其体重每天能否增加 18~20 g 进行判断；对于两月龄以上的猫，可参考 BCS 体况评分系统。

虽然 BCS 体况评分系统是针对成猫设计的，但是对于两月龄以上的幼猫，仍可通过观察其外观、毛发、皮下有无脂肪，以及活动情况来判断其营养供应是否足够。

虽然离乳猫生长较快，不会像幼犬那样容易出现骨骼肌肉问题，但是离乳猫过胖会增加其成年后的肥胖风险。因此，对于未满 1 岁的猫咪，还是以遵循 BCS 体况评分系统的标准为宜。

未满 1 岁的结扎猫

结扎对于猫咪的许多行为问题，以及疾病的预防十分有效。例如公猫的攻击行为、发情行为、随处小便，以及母猫的子宫蓄脓、乳房肿瘤等，都可以通过结扎来降低发生率。

目前，大多数的宠物医生都会建议铲屎官，在母猫 6 月龄到 1 岁间进行结扎手术。至于公猫，因另有下泌尿道问题的疑虑，则会建议 1 岁后再结扎。

喂食方式与喂食量

猫咪结扎后最常见的问题是肥胖，这也成为铲屎官考虑是否为猫咪结扎的因素之一。不过，肥胖是一个多因素问题，不是单一的结扎造成的。尤其是 6 个月到 1 岁的猫咪，其生长速度减缓，能量需求逐步下降，若铲屎官在此时没有根据猫咪的体重变化及时调整喂食量，猫咪超重或肥胖的问题就会随之出现。

研究结果显示，无论公猫还是母猫，猫咪的新陈代谢率以及肥胖发生率都不会因为结扎的早晚而改变，猫咪结扎后都存在进食量增加和体重增加的问题。近年来，欧美国家开始流行早期结扎，即在猫咪 2~4 月龄时就进行结扎，而这些猫咪在成年后同样有肥胖的趋势。

所以，只要铲屎官日常没有多注意猫咪的体重变化，并采取相应措施，猫咪的肥胖发生率是无法降低的。

虽然结扎的确会增加猫咪的肥胖发生率，但相较于子宫蓄脓、行为问题的风险，肥胖还是可控的，只要注意猫咪的体重变化，并配合运动和饮食控制，避免猫咪肥胖还是不难的。

营养评估

要评估未满 1 岁的结扎猫咪是否超重或肥胖，最简单的方法，就是比较每次疫苗注射时其体重有无直线上升。此外，也可以在家中每月测量并记录猫咪的体重变化，如果猫咪体重不断上升，且 BCS 体况评分显示猫咪已处于超重或肥胖（BCS 体况评分系统的 6~9 级）状态，铲屎官就应在现有饲料能量的基础上减少 10%。

如果猫咪体重不足（即猫咪处于 BCS 体况评分系统的 1~4 级），则应在现有的基础上增加 10% 的能量。

请注意，上述内容中需要增减的是能量而非喂食量，铲屎官可以参阅第 1 章了解饲料能量的计算方法。在每次增减能量后，都应在调整饮食 2~3 周后再次评估猫咪的体况。

成年猫

成年猫的一般喂养

成年猫一般指 1~7 岁的猫咪。除了营养均衡的饲料，对这个年龄阶段的猫咪而言，最重要的就是维持适当的体态。

研究证明，维持良好的体态可以增加狗的寿命，并且提高其生活品质。虽然当前尚没有体态对猫咪寿命影响的研究，但是肥胖会增加猫咪罹患糖尿病、退化性关节炎、皮肤病、脂肪肝等疾病的概率。因此，维持猫咪的理想体态，对于猫咪的健康、寿命以及生活品质也会有一定的帮助。

喂食方式与喂食量

目前，对于应该喂食干饲料还是湿食存在一些争议。湿食的支持者认为，猫咪可以通过食用湿食来增加水分摄入量，减少下泌尿道疾病的发生，同时借此减少猫咪的喂食量，以减少能量摄入。所以，湿食支持者认为，湿食比较容易控制体重。

干饲料的支持者认为，干饲料更有助于猫咪的牙齿健康，而且可以采用任食制投喂，这种方法比较符合猫咪在野外的自然进食状态。

必须强调的是，无论是干饲料还是湿食，当前都没有营养学实验证明其效果。理论上来说，两种饲料都有其合理性，不过对于成年猫咪，喂食方式的选择需要考虑铲屎官的生活节奏以及猫咪的喜好。

如果铲屎官工作比较忙碌，选择干饲料并采用任食制比较适合，可以偶尔给予猫咪罐头食品，以增加其水分摄入和丰富猫咪的饮食多样性。对于不吃罐头的猫咪（是的，有的猫咪是不吃罐头的），铲屎官必须选择干饲料作为主食。

对于有下泌尿道疾病病史的猫咪，或是在 1 岁前结扎的公猫，可以考虑以湿食为主。湿食可以增加猫咪的水分摄入，从而有助于预防下泌尿道疾病。需要强调的是，在猫咪年轻时增加其水分摄入并不能预防猫咪老年时肾衰竭的发生。

除了铲屎官自身的状况，以及猫咪的喜好，最好可以为猫咪提供不同的饲料形式，以增加选择。

营养评估

对成年猫咪进行营养评估，最好的方法是每个月定期记录其体重和体态。通过猫咪的体重变化，以及当前的体态，铲屎官就可以知道目前猫咪的能量摄入是否合适。

在每年为猫咪注射疫苗时，可以让宠物医生通过理学检查来判断猫咪有无其他健康问题，以及营养是否均衡充足。在健康检查时，铲屎官应主动告知宠物医生猫咪最近的饮食情况、行为有无改变、家中的居住环境以及家中其他宠物的数量、状况，如此宠物医生才能综合判断猫咪的健康状况。

怀孕母猫

哺乳动物在怀孕期，无论妈妈还是胎儿都有很高的营养需求，此时它们不仅要吃得够，更要营养均衡。

怀孕期的母猫要有全面且均衡的营养才能供给胎儿正常生长所需，同时支撑起自己身体的正常运转和产后的喂乳需求。

在母猫怀孕前，铲屎官应先让母猫达到理想体态，过瘦的母猫不应进行交配，如此才能避免幼猫过瘦或是因营养不良造成死亡或死胎。怀孕期的母猫与孕期的人类一样需要适当增重，但与人类不同的是，孕期母猫体重增加多在怀孕后期，也就是怀孕 4 周以后。研究指出，在怀孕时，母猫对能量的需求会比一般成猫增加 25%~50%。铲屎官可以使用第 1 章提及的能量计算公式，计算一般成猫的能量需求，再增加 50% 作为基准。

临近生产和刚生产的母猫，其食欲会先出现下降，之后会随着泌乳的增加逐渐提高。生产后，母猫体重平均会减少 40%。当幼猫断奶，也就是幼猫约 4 周龄时，母猫应恢复产前正常的体重，如此母猫的营养状况才是正常的。

泌乳期可以说是母猫能量需求最大的时期，铲屎官应在母猫哺乳的过程中，实时追踪其体重变化。一定要注意泌乳母猫是否过瘦，如果过瘦，应继续增加喂食量，以确保母猫营养充足，且能为

幼猫提供足够的母乳，确保其生长需求。

喂食方式与喂食量

幼猫在胚胎形成时就已经开始吸收养分，因此应当在交配前就给予母猫怀孕期或泌乳期的专用饲料。这类饲料的能量密度较高，易于消化且适口性佳，应持续使用这类饲料，直到幼猫4周龄断奶。

对于停止哺乳的母猫，应根据其当前体态并对比其怀孕前的体态，来决定给予哪种饲料。如果母猫当前体重比怀孕前轻，应持续给予高能量饲料，直到母猫体重恢复至孕前状态。对于体重过重的母猫，则应给予一般饲料并调整喂食量，让母猫恢复到正常的体重。

很多宠物繁殖从业者会给予种猫钙粉或是高钙营养补品。这样做的理论依据是，这类矿物质可以确保胎儿正常发育，预防母猫产褥热（血钙过低），同时增加母猫产奶量。不过，这个理论尚未经过实验证实，且有研究发现，过量补充钙离子或是补品质不良的钙粉，反而会造成钙磷比例失调，从而引发胎儿生长异常及骨骼问题，甚至增加母猫产褥热的发生风险。

因此，如果铲屎官选用了专为怀孕期或泌乳期母猫设计的饲料，就不用额外添加钙粉，也无须担心营养不均衡。

营养评估

对于怀孕以及泌乳期的母猫，应根据其每周体重及体态情况做营养评估。从怀孕开始，母猫体重应逐步上升，能量摄入应比平时增加25%~50%；怀孕1个月后，母猫摄入的能量应达到每天每千克体重90~100 kcal。如果母猫体重没有逐步上升，或是怀孕1个月后，母猫的能量摄入不足，应增加喂食量，或选用母猫更爱吃的饲料。此外，也可添加罐头等副食品，来增加母猫的能量摄入。

生产后的母猫体重会下降40%，但此时母猫的体重仍应比怀孕前重，如果其体重比怀孕前轻，应继续增加喂食量。

老年猫

老化是一个很难定义的术语，通俗地讲，就是器官能力退化，无法维持身体的正常运转。和人类一样，猫咪的老化速度有很大的个体差异，品种、身体状况、饮食习惯、环境等因素都会影响猫咪的老化速度。

铲屎官最好奇的应该是，从几岁开始算老年猫。有研究指出，5岁以上的猫咪就算是老年猫了。近年来又多出一个术语：熟龄猫。市场上已有针对熟龄猫的熟龄猫饲料。

出现熟龄猫的划分是因为，在美国，10岁以上的猫咪的数量较过去10年增加了15%，15岁以上的猫咪的数量也增加了14%。随着猫咪平均寿命的增加，熟龄猫的概念应运而生，可惜，当前学术界尚无明确的定义来界定熟龄猫和老

年猫的年龄范围。

不过，7岁以上的猫咪，发生年龄相关的退化性病变的概率开始升高，因此，7~11岁的猫咪应可归为熟龄猫，12岁以上的猫咪则归为老年猫。

喂食方式与喂食量

对于老年猫咪的饮食，应先评估其营养及健康状况。先使用BCS体况评分系统，以及肌肉状况评分表（Muscle Condition Score）来判断猫咪目前的身体状况，再依据评估结果给予猫咪合适的营养。

许多关于猫咪的研究发现，猫咪在死亡前2~3年会出现体重下降的情况。而超重和肥胖则可能引发猫咪心脏病及内分泌疾病。因此，对于过瘦或过胖的猫咪，都应调整其饮食。

老年猫咪的活动量明显下降，喂食

应以低卡饲料为主。对于过胖的猫咪，应该将喂食方式改为定时定量式，以控制其体重。

过去的研究发现，7~11 岁的猫咪与老年犬一样，其基础能量需求有所降低，而猫咪在 11 岁后，其基础能量需求会重新增加，并于猫咪 13 岁时达到最大值。这一特性是猫咪独有的。因此，大部分猫咪在 7~11 岁时容易过重，12 岁以后则可能体重不足。此时的猫咪体重不足是其消化能力降低和基础能量需求增加的双重作用导致的。

对老年猫咪而言，最重要的营养目标是，根据猫咪的基础能量需求变化调整饮食，以维持其净体重，确保足够的蛋白质摄入，并针对猫咪的身体状况及时补充维生素，以及摄入适当的抗氧化剂。除了猫咪已经习惯任食制无法改变或是铲屎官的个人生活习惯无法配合的情况，应采取定时定量喂食的方式。定时定量喂食方便铲屎官观察猫咪的进食情况和追踪猫咪的体重变化，当猫咪食欲下降或是体重减轻时，铲屎官可以及时发现异常，避免延误病情。

铲屎官还需要注意老年猫咪的牙齿健康问题。从猫咪幼时开始，铲屎官就应定期检查并清洁猫咪的牙齿，以有效地减轻或预防牙周病。对于已经患有牙周病或猫口炎的猫咪，需要及时将其送往宠物医院治疗。

规律且持续的短时运动，对老年猫咪来说非常重要，但一般很难做到，因为老年猫咪对逗猫棒等玩具反应不大。铲屎官可以通过调整家具位置或使用猫跳台来增加环境多样性，诱导猫咪产生探索的欲望。此外，铲屎官也可以用零食等增加人猫互动。对于情绪稳定的老年猫咪，可以用牵引绳带到安全的户外环境散步，但要注意预防寄生虫。

"

解读老年猫的饮食迷思

"

是否应减少蛋白质摄入量？

一直以来，宠物医生都建议减少老年猫的蛋白质摄入量，希望借此保护其肾脏功能，但是有数篇兽医科学期刊的研究却发现，虽然对于已经出现肾衰竭的猫咪，限制其饮食中的蛋白质含量的确可以帮助控制肾衰竭的临床症状，但对于健康的老年猫，限制蛋白质摄入并没有保护肾脏的效果，反而可能因为摄入不足而影响蛋白质代谢。

因为体内的蛋白质会不断地分解和重新合成，这一过程被称为蛋白质更新（Protein Turnover），如果饮食中的蛋白质摄入不足，就会降低身体蛋白质的更新速度，并开始出现分解自身的蛋白质来补充氨基酸不足的情况，最终导致瘦体重（Lean Body Mass）[1]下降。在这样的情况下，虽然猫咪外表看似健康，但其身体对环境伤害的反应能力已经下降，例如，对感染或毒物的抵抗能力变差。

美国的另一项回溯性研究证实了，85% 的年长动物体内蛋白质的合成速度下降，进一步加剧了瘦体重的下降。因此，不应过度限制老年猫咪的蛋白质摄入量，过度限制蛋白质摄入量不仅对肾脏没有保护效果，还会造成猫咪体重下降，以及对环境变化和疾病的抵抗能力降低。

脂肪的摄入很重要

脂肪对老年动物来说十分重要，因为脂肪不但可以提供能量，提供脂肪酸，还能帮助吸收脂溶性维生素。因此，除了对体重过重的猫咪应给予低卡饲料外，对于体态正常的老年猫以及 13 岁以上的老年猫，都应依照其体态变化给予能量适当的饲料。

维生素与矿物质的需求与补充

所有的动物都有其特定的维生素及矿物质需求。在现有的老年猫咪的研究中，已经发现消化功能异常（慢性腹泻、胃肠道肿瘤、肝脏或胰脏疾病）和排尿量增加（肾衰竭、糖尿病）的猫咪会出现维生素流失加快的情况。例如，维生素 B 会因为多尿而增加流失，而维生素 A 和维生素 E 则会因为脂肪消化吸收能力的减退而流失。尤其对老年猫而言，脂肪吸收能力下降 30% 会影响其维生素的吸收。此外，患有慢性胃肠道疾病的猫咪也容易流失维生素 B_{12}。上述维生素流失的问题都应与宠物医生讨论，然后再决定是否补充以及补充的量。

抗氧化成分可增强抵抗力？

针对老化问题，即细胞组织的氧化伤害，抗氧化成分摄入不足会对身体的抗氧化能力造成影响。许多研究显示，在饲料中添加抗氧化成分可以加强老年猫咪的抗氧化能力，助其抵抗特定疾病。

需要强调的是，这些抗氧化成分无法阻止疾病的发生。例如，辅酶 Q_{10} 可以延缓心肌细胞的老化，并且对肥厚性心肌病的治疗有帮助，但它无法避免或停止肥厚性心肌病的发展；鱼油同样对心脏、肾脏、视网膜等多种器官有抗氧化的效果，但同样不可夸大其作用。

营养评估

2010 年以来，许多营养学专家建议，应定期为老年猫做健康检查，检查项目包括基本理学检查、血液检查、粪检以及尿检。

除此之外，铲屎官还应每月监测老年猫的体重及体态，这是其最重要的健康指标。对于过重的猫咪，应立即与宠物医生讨论合适的减重计划。而对于体重突然减轻的猫咪，则应由宠物医生对其进行全身健康检查，以确定猫咪体重突然下降的原因。

① 瘦体重是指由非脂肪细胞及细胞间结缔组织构成的体重部分，超过 99% 的身体代谢能力由其主导。相比实际体重，瘦体重能够最真实地反映动物的实际健康状况。

05

特殊照顾

生病猫咪的营养补充

　　没有人希望自己的猫咪生病。对于生病的猫咪，可通过补充营养和调整饮食，尽量延缓其疾病病程，并减轻疾病的症状。因此，对生病猫咪的照顾，需要铲屎官更加谨慎在意。

铲屎官经常会问宠物医生：我的猫咪生病了，需要补充什么营养？

在回答这一问题之前，我们需要先了解，不同年龄猫咪的健康检查频率。

一般来说，7~10 岁的猫咪应至少半年做一次健康检查，而 10 岁以上的猫咪，应 3~6 个月进行一次健康检查。针对不同年龄的猫咪，需要检查的项目又有哪些呢？

猫咪健康检查年龄与项目对照

年龄	血球计数	血液生化	X 光	超声波	内分泌	尿检	粪检	传染病
1 岁前	🐾	🐾					🐾	🐾
1~7 岁	🐾	🐾	🐾			🐾	🐾	
7~10 岁	🐾	🐾	🐾	🐾	🐾	🐾		
10 岁以上	🐾	🐾	🐾	🐾	🐾	🐾		

补充营养和调整饮食结构的最终目标都是延缓疾病的病程，以及减轻疾病的症状。

肾脏疾病

铲屎官最常遇到的猫咪疾病就是肾衰竭，因此患有肾脏疾病的猫咪的营养需求对铲屎官来说尤为重要。

为了满足肾衰竭猫咪的营养需求，最简便的方式就是在宠物医院购买处方饲料。不过，很多铲屎官想要深入了解肾脏患病猫咪的营养需求及补充方式，因此接下来，我们会详细讨论患有肾衰竭猫咪的营养需求问题。

需要控制的饮食要素

水

肾衰竭初期的猫咪会因为肾功能下降而流失大量水分，猫咪会因此增加水分摄入进行补偿，此时铲屎官可以观察到猫咪出现多喝多尿的情况。但是，并不是每只猫咪都能喝到足量的水，甚至随着病情发展，流失水分的增加，猫咪水分摄入的速度赶不上水分流失的速度，

身体脱水的状况会更显著，肾衰竭的病情反而加重。

喂食含水量高的食物，例如肾脏处方罐头或肾脏处方妙鲜包，采取一日多餐的喂食方式，以及在食物中加水，都可以增加猫咪的水分摄入，减轻猫咪身体脱水的程度。

此外，也可以在家中增加水碗的数量，并随时保持其中有干净的饮水。由于猫咪很注重自己胡须的洁净，所以饮水时会尽量避免自己的胡须接触到水碗的周边，为此可以使用比较大的水碗。铲屎官还可以尝试给予猫咪不同来源的水，例如煮沸水、过滤水、逆渗透水、温水等，并观察猫咪是否存在偏好。有些猫咪喜欢饮用流动的水，铲屎官可以为其准备喷泉式水盆，以提高猫咪饮水的兴趣。

注意，无论是水碗还是食盆，都应该放置在尽量远离猫砂盆的位置，因为猫咪是很爱干净的动物。

随着病情进展，肾衰竭进入下一个阶段，或是上述的方式都尝试失败时，就必须采用皮下注射的方式为猫咪提供足够的水分了。

能量

肾衰竭引发的"尿毒症",会使猫咪体内的蛋白质加速分解,使猫咪的食欲变差,进一步加剧其营养不良的症状。

确保猫咪获取足够的营养,是猫咪对抗慢性肾衰竭的重要一环。前文我们已经介绍过如何计算猫咪的基本能量需求,铲屎官可以根据猫咪目前的体重变化自行计算。此处再提供一个简便的猫咪基本能量需求计算方式:

50~70 kcal/ 千克体重 / 天

无论使用哪一种计算方式得出的喂食量,都必须根据猫咪的体重变化,以及体态评估调整,不能一成不变。

碳水化合物和脂肪能够提供能量,且不会增加蛋白质的摄入量。脂肪所提供的能量大约是等重碳水化合物的 2 倍,因此,许多肾病处方饲料的脂肪含量较高,以在不增加饲料蛋白质含量的前提下增加食物的能量。这类肾病处方饲料还可以让猫咪通过较少的食物摄入获取足够的能量。较少的食物摄入量也可以减少胃部扩张,从而减轻恶心以及呕吐的症状。

碳水化合物虽然同样可以在不增加蛋白质摄入的同时为猫咪提供所需的能量,猫咪也可以消化部分碳水化合物,但相较之下,猫咪对脂肪的消化能力更好一些,因此肾病处方饲料中碳水化合物所占的比例较低。

如果想喂食自煮鲜食，也应以脂肪类食材为主。

蛋白质

虽然过去数十年间，降低猫咪饮食中的蛋白质含量一直是控制慢性肾衰竭的营养方案的基础，但此方式也存在争议。

根据国际肾脏疾病协会（International Renal Interest Society，IRIS，一个主要针对肾脏疾病做出诊断及治疗建议的国际组织）的分期，肾衰竭被分为四期。目前的实验证明，限制蛋白质摄入可以在肾衰竭的一期和三期帮助控制病情：在肾衰竭一期，控制蛋白质摄入可以延缓病程；在肾衰竭三期，控制蛋白质摄入则可以减轻由尿毒症引发的猫咪精神不佳、厌食、呕吐以及下痢等问题。

铲屎官在为患有肾衰竭的猫咪选择饲料时，如果选用肾衰竭处方饲料，不需要特别关注蛋白质含量，如果是普通饲料，由于其中的蛋白质含量很少低于25%，所以铲屎官必须仔细挑选。对于普通饲料，不仅其蛋白质含量要低，铲屎官还需要确认，该饲料中的磷离子含量是否也较低。因此，在为患有肾衰竭的猫咪挑选普通饲料时，铲屎官更需要仔细挑选。

肾衰竭处方罐头同样是低蛋白、低磷食品。普通的老龄猫罐头，虽然在包装上同样标有"低磷低蛋白"字样，但没有经过第三方营养机构的营养分析，在使用时，铲屎官要注意猫咪血液检查中血清尿素氮（BUN）和血磷（Phos）的变化情况，以此判断是否可以持续使用。

❝ 肾衰竭可能的成因 ❞

要讨论蛋白质在肾衰竭中扮演的角色，要首先了解肾衰竭可能的成因。

1981年，霍斯泰特（Hostetter）教授等人提出一个假说：正常肾脏的最小功能单位为肾元，每个肾脏中有数百万个肾元在工作，不管出于什么原因造成肾元不断流失，当流失的肾元超过一定量时，剩余的肾元就会开始出现变化，造成不该进入尿液中的蛋白质开始渗入尿液。这些蛋白质会进一步刺激肾脏细胞导致炎症，使肾脏组织纤维化。此假说已在1998年被雷蒙茨（Remuzzi）和贝尔塔尼（Bertani）证实。而后，科学家通过大鼠以及人体实验发现，限制蛋白质的摄入量可以有效减缓肾衰竭的病程。

但，限制肾衰竭猫咪的蛋白质摄入量是否有同样的效果，却有很大的争议。

在1986~1999年间，许多兽医领域的科学家做了类似的研究，却始终无法得到一个定论。不过，2006~2007年的相关研究已经确定，蛋白尿严重与否是肾衰竭猫咪存活时长的重要指标之一，因此，对于肾衰竭猫咪的治疗重点应该放在控制蛋白尿上。

目前，限制蛋白质摄入量的饮食方式对于猫咪蛋白尿的控制效果还不明确，针对猫咪的初步研究结果并不能为此种方法是否有效提供定论，但各种理论还是认为，限制蛋白质的摄入量可以减轻猫咪肾脏的负担，进而延缓病程。因此，IRIS仍然建议，应给予处于肾衰竭一期且尿蛋白与肌酐比（UPC）[1]在二期以上的猫咪低蛋白饮食。

---

[1] 尿蛋白与肌酐比（Urine Protein Creatine Ratio，UPC）是衡量蛋白尿严重程度的重要指标。正常的尿液中没有蛋白质，当肾元受损时就会有蛋白质渗漏至尿液中，而肌酐酸是身体肌肉正常的代谢产物，正常情况下会以固定速率出现在尿液中，因此尿液中的蛋白质与肌酐比，可以让我们了解猫咪蛋白尿的严重程度。

磷

猫咪血磷升高会导致继发性甲状旁腺功能亢进，继而引发低血钙、肾性骨病变等并发症。肾脏实质也会发生矿物质沉积，进一步加剧肾脏内部炎症，加速肾脏病变。2008 年，一项针对 211 只自然发生肾衰竭猫咪的案例分析发现，猫咪的血磷每升高 1 mg/dL，其死亡风险就会增加 11.8%。

因此，控制肾衰竭猫咪的血磷十分重要，而控制血磷的第一步就是调整饮食。

肾病处方饲料或是处方罐头是最方便的饮食选择。在使用处方饲料 2 周后，铲屎官应前往宠物医院复查猫咪血磷数值，以确定处方饲料的效果。如果猫咪的血磷仍没有降到预期的范围，应开始给猫咪服用磷结合剂。磷结合剂必须与食物一同给予，以取得最大的吸收效果。

" 血磷数值 "

根据 IRIS 的建议，肾衰竭二期的猫咪血磷值应在 2.7~4.5 mg/dL，肾衰竭三期的猫咪血磷值应小于 5 mg/dL，而肾衰竭四期的猫咪血磷值应小于 6 mg/dL。铲屎官需要注意：肾衰竭猫咪的血磷值范围与健康成猫的正常血磷值范围有些许不同。

在 1999 年就有研究发现，控制血磷可以避免继发性甲状旁腺功能亢进。对于出现继发性甲状旁腺功能亢进的猫咪，可以给予维生素 D_3 以减少低血钙的发生。不过，需要提醒铲屎官的是，维生素 D_3 的补充并不适用于所有的肾衰竭猫咪。

给予猫咪维生素 D_3，需要宠物医生确诊猫咪出现了继发性甲状旁腺功能亢进，并且已经将血磷值控制在了正常范围内。此外，维生素 D_3 不可以与食物一同给予，以免钙离子和磷离子过度吸收。临床上经常见到猫咪尚未确诊继发性甲状旁腺功能亢进，或是血磷值尚未控制在正常范围就开始给予猫咪维生素 D_3 的情况，这通常是由于铲屎官误以为维生素 D_3 可以延缓猫咪的肾衰竭。

开始服用磷结合剂后，也应每 2~4 周前往宠物医院复查猫咪的血磷数值。

钠

不论是人还是动物，肾衰竭患者的钠离子摄入一直都充满争议。

对于人，主流的医学观点是建议减少钠离子摄入，目前动物医疗领域对此持相同的态度。减少钠离子的摄入，除了可以减轻肾脏排出钠离子的负荷，最主要的是为了降低高血压的发病风险。

2002 年，美国的一项统计研究发现，20% 自然发生肾衰竭的猫咪的动脉压超过 175 mmHg，即有 20% 的肾衰竭猫咪患有高血压，而高血压很容易对肾脏、眼睛、脑部以及心脏造成损害。不过，猫咪的高血压并不会由于肾衰竭的加剧而越来越严重，但即便如此，也非常有必要追踪并且控制肾衰竭猫咪的血压。

" 血压值 "

正常猫咪的血压值应小于 180 mmHg，不过，正确测量猫咪的血压并不容易，主要原因是猫咪在诊间非常容易紧张，从而导致测量时血压偏高，因此，最好由宠物医生来判读血压，以保证准确。

由于尚无任何证据可以证明，限制钠离子的摄入能够减轻高血压，或是延缓肾衰竭的病程，所以对于猫咪高血压，仍应给予药物加以控制。如果铲屎官打算减少猫咪的钠离子摄入，也应循序渐进。

钾

慢性肾衰竭的猫咪很容易出现低血钾的状况。真正造成低血钾的原因尚不清楚，一般认为与食物摄取不足、食物偏酸性以及尿中流失增加有关。

低血钾会导致猫咪肌肉无力和疼痛、走路姿势异常、体内蛋白质合成减缓、体重下降、尿量增加，进而导致猫咪体内水分流失。有研究认为，猫咪低血钾与猫咪慢性肾衰竭有关。

值得注意的是，并非所有肾衰竭的猫咪都会出现低血钾症状，因此，铲屎官在为猫咪补充钾离子时，应每2~4周检查一次钾离子指标，以免因钾离子补充过量引发猫咪心律不齐。

ω-3 多不饱和脂肪酸

ω-3 多不饱和脂肪酸，通常是指二十碳五烯酸（EPA）和二十二碳六烯酸（DHA），可以通过深海鱼油补充。

有研究证明，EPA 和 DHA 对于狗狗的肾脏有保护作用，而 ω-6 多不饱和脂肪酸则会加重肾衰竭。同样的研究却鲜少见于猫咪，曾有研究人员对 175 只肾衰竭猫咪的分析发现，补充 ω-3 多不饱和脂肪酸的猫咪存活时间较长。

基于目前的证据，还是建议铲屎官给予猫咪鱼油以补充 ω-3 多不饱和脂肪酸，增加 EPA 和 DHA 的摄入。铲屎官可以根据猫咪的体重，按照每千克体重补充 40 mg EPA 和 25 mg DHA 的剂量，来计算鱼油的食用量。

抗氧化成分

动物借助有氧代谢来获得能量，这一过程产生的副产物就是自由基。很不幸，自由基对细胞有害，这一点无论对人还是动物都是一样的。许多疾病的发生，都与自由基有关。

正常的动物机体存在对抗自由基的机制，身体中的酶、多肽、维生素以及矿物质都可以对抗自由基。适当地在猫咪饮食中增加富含抗氧化成分的食物，可以增强其身体对自由基的抵抗力，甚至可以延缓肾衰竭的病程。

近几年的研究发现，为肾衰竭二期的猫咪补充维生素 E、胡萝卜素以及维生素 C 能够减少自由基对细胞的损害，由此可以证明，抗氧化成分的确有助于延缓肾衰竭病程。只是目前，由于对这类抗氧化成分的使用剂量，以及适合搭配的食物并无定论，所以尚不能确定应该如何使用抗氧化成分才能取得最好的效果。

控制饮食的效果

　　现在，铲屎官一定想问，控制饮食对于延缓猫咪肾衰竭究竟有何作用？

　　在台湾，在猫咪确诊肾衰竭后，宠物医生的第一个建议通常都是将饲料更换成肾病处方饲料。当前台湾市售的肾病处方饲料为以下三个品牌：法国皇家（Royal Canin）、希尔思（Hill's）以及优卡（Eukanub）。当然，肾病处方饲料的品牌不只这些，只是目前无法直接在市面上买到，尤其是处方罐头和妙鲜包。这让猫咪的选择变少，也给铲屎官造成了不便。

　　自煮鲜食满足相应的要求的确很困难，处方饲料则为铲屎官提供了便利。随之而来的是，铲屎官常有的疑问：处方饲料是不是真的有效？

　　多年以来，针对肾病处方饲料对猫咪和狗狗肾衰竭病情控制效果的研究证实，对于肾衰竭的猫咪或狗狗，饮食控制是必要的。

　　其中，针对50只肾衰竭二期猫咪的研究发现，相比吃普通饲料的猫咪，给予中等蛋白含量低磷饲料的猫咪，其存活时间延长了近两倍。因此，还是建议铲屎官，在猫咪可接受的情况下将饲料更换成肾衰竭处方饲料。

　　更换处方饲料的重点是时机和辅助方式。由于处方饲料的蛋白质含量一般都低于25%，这会导致饲料适口性下降。此外，对于肾衰竭猫咪，无论是味觉还是嗅觉都会因尿毒症的影响而改变，所以，更换处方饲料最好的时机，是猫咪食欲正常的时候，如此可以减少更换饲料后猫咪不肯吃饭的情况，增加更换的成功率。

　　如果是在猫咪食欲明显下降后才发现猫咪肾衰竭，更换处方饲料就会比较困难。可以考虑先将处方饲料与原饲料混合，并且配合控制尿毒症以及电解质不平衡的方式，来增加更换的成功率。如果猫咪排斥处方饲料，可以考虑先给予猫咪处方妙鲜包，或是流质处方营养

品，甚至自煮鲜食，以维持猫咪在尿毒症期间的营养水平。

喂食方法

灌食是指给不肯吃饭的猫咪强迫喂食，一般有经口灌食、鼻胃管灌食以及食道胃管灌食三种方式。

经口灌食

这是对铲屎官而言最为简单的灌食方式，但如果猫咪排斥这种方式，铲屎官需要耗费大量时间调配食物并进行灌食操作。此外，经口灌食常会导致猫咪与铲屎官的关系变得十分紧张。

鼻胃管灌食

这种方式可以降低猫咪对灌食的排斥和不满，但是适合鼻胃管灌食的食物只能是流食，因此，每次采取鼻胃管灌食所能给予的能量较少，必须增加灌食的次数，才能满足猫咪的能量需求。此外，鼻胃管容易被猫咪抓掉、出现堵塞或是在猫咪呕吐时吐出，所以，采取鼻胃管灌食通常需要猫咪长时间佩戴伊丽莎白项圈。

食道胃管灌食

这种方式可以给予猫咪泥状食物，包括打成泥状的饲料。不过，采取食道胃管灌食需要铲屎官每天做好创口清洁与照顾，以免猫咪创口感染。食道胃管的安装需要麻醉处理，因此并非每只猫咪都适合使用，铲屎官应先与宠物医生讨论，再决定是否使用食道胃管灌食。

心脏疾病

猫咪最常见的心脏疾病是肥厚型心肌病（Hypertrophic Cardiomyopathy，HCM）。除此之外，限制型心肌病（Restrictive Cardiomyopathy）或扩张型心肌病（Dilated Cadiomyopathy）等其他心肌问题也有可能发生。

2004年，心脏专科医生科特（Cote）统计发现，约有21%外表健康的猫咪有心脏杂音，对这些猫咪进行心脏超声波检查后发现，其中86%的猫咪的心肌结构异常。患有肥厚型心肌病的猫咪后续常会出现慢性心衰竭、动脉血栓、惊厥以及猝死等问题。

对于具有心肌问题的猫咪，铲屎官可以根据猫咪心脏疾病发展的程度和营养需求调整其饮食。

需要控制的营养要素

钠离子

目前，没有任何实验证明，饮食调整可以强化心脏或是延缓心肌病变。不过，刚发现猫咪心肌结构异常，且猫咪尚未出现心力衰竭、血栓、高血压等问题时，是铲屎官与宠物医生讨论猫咪未来饮食调整方案，并观察猫咪对调整后的饮食的接受程度，以及猫咪体态是否符合理想状况的最佳时机。毕竟，在猫咪出现心力衰竭症状前调整饮食，比症状出现后再进行调整成功率更高。

对于有心肌问题的猫咪，可以在猫咪尚未出现临床症状的阶段就开始限制钠离子的摄入量。建议将钠离子的摄入量控制在低于100 mg/100 kcal的程度。铲屎官需要特别注意，不要过度限制钠离子的摄入。研究发现，当猫咪摄入的钠离子低于50 mg/100 kcal时，猫咪的内分泌会改变，结果适得其反。

心脏病二级的猫咪常出现心力衰竭症状，例如体力变差、休息时呼吸速度加快，或是体重和食欲下降。此时，猫咪钠离子的摄入量应低于80 mg/100 kcal，且铲屎官应配合宠物医生治疗猫咪。

猫咪与人类一样，较常出现高血压问题，除了肾衰竭的猫咪，心力衰竭的猫咪也很容易出现高血压症状。因此，监控猫咪的血压变化是非常必要的。不要因为猫咪在宠物医院测量血压时紧张导致测量值偏高而放弃测量，交给有经验的医护人员，并让猫咪习惯测量环境，还是可以得到可信的血压值的。

给予心脏病猫咪与肾脏病猫咪低钠饮食，是希望能够降低猫咪高血压的发生率，或是协助控制高血压的症状。不过，就像肾衰竭章节所讨论的，限制钠离子摄入量对于高血压的控制效果，无论是在人类医疗还是兽医领域都还有很多争议。

对于是否应该限制食物中的钠离子含量，根据 2007 年美国兽医内科学会（American College of Veterinary Internal Medicine）的建议，针对高血压的动物，应避免给予高钠饮食，但不建议针对钠离子做严格的限制。

因此，针对高血压问题，仍应以药物控制为主，食物控制为辅。

维生素 B

维生素 B 对有心肌问题的猫咪很重要，尤其是服用利尿剂的猫咪。维生素 B 属于水溶性维生素，因此很容易随尿液流失。此外，食欲下降也可能造成维生素 B 的缺乏。

研究发现，有心肌问题的猫咪，其血液中的维生素 B_6、维生素 B_{12} 都显著低于健康猫咪的水平，所以，对于有心肌问题的猫咪，铲屎官应选用额外添加维生素 B 的饲料，或与宠物医生讨论，是否在猫咪饮食中添加维生素 B。

鱼油

鱼油是近年来研究相当多的一种营养品，主要是由于鱼油中含有 ω–3 多不饱和脂肪酸。

大部分的饲料都含有丰富的 ω–6 多不饱和脂肪酸，而 ω–3 多不饱和脂肪酸，例如 EPA 和 DHA，则含量较少。EPA 和 DHA 可以减少猫咪体内的发炎因子，辅助控制许多不同的疾病，包括肥厚型心肌病和心衰竭。此外，还有研究发现，在猫咪饮食中添加鱼油可以增进猫咪的食欲，这是因为鱼油中的不饱和脂肪酸可以抑制发炎激素，从而改善猫咪的食欲。

铲屎官在给猫咪补充鱼油时，需要注意，只有补充足量的 EPA 和 DHA 才有效果。

虽然目前还没有明确的建议剂量，

但综合现有的研究以及专业建议，EPA应按每千克体重 40 mg 给予，而 DHA 则应按每千克体重 25 mg 给予。

在挑选时，应选择清楚标示出 EPA、DHA 毫克数值的产品，以便确切了解猫咪摄入的量是否足够。此外，也应考虑鱼油中是否有添加维生素 E 作为抗氧化剂。只添加维生素 E 做抗氧化剂，且没有加入其他成分的鱼油，是最好的选择。

再次强调，鱼肝油是不可以给猫咪食用的！

鱼肝油中含有相当多的维生素 A 和维生素 D，而维生素 A 和维生素 D 都是脂溶性维生素，过量摄入具有毒性。此外，植物来源的 EPA 和 DHA 产品，例如亚麻籽油等，也不适合猫咪食用，因为其肝脏功能与人类不同，无法充分利用这些产品的营养。

辅酶 Q_{10}

辅酶 Q_{10} 在人用保健品市场上相当有知名度，许多铲屎官对辅酶 Q_{10} 也相当熟悉。辅酶 Q_{10} 为什么对心脏如此重要呢？因为辅酶 Q_{10} 是心肌细胞产生能量所必需的成分之一，同时辅酶 Q_{10} 具有抗氧化作用。

然而，在人类心脏研究领域，尚未得到一致的结果，也就是说，辅酶 Q_{10} 对于治疗心衰竭到底有没有帮助，目前尚无定论。在动物医疗领域，目前辅酶 Q_{10} 并未被列为有心脏问题的猫咪的必需保健品。不过，由于补充辅酶 Q_{10} 也未发现存在任何副作用，所以铲屎官想给猫咪额外补充也是可以的。需要注意的是，目前只有狗狗使用辅酶 Q_{10} 的建议剂量，没有针对猫咪的相关研究，铲屎官在给予猫咪辅酶 Q_{10} 时，建议一天两次，每次 30~90 mg。

肝脏疾病

最常见的猫咪肝脏疾病，非脂肪肝莫属了。猫脂肪肝全称猫肝脂沉积综合征（Feline Idiopathic Hepatic Lipidosis），是肝脏细胞中大量甘油三酯沉积，使肝脏细胞功能受损的疾病。

猫脂肪肝的主要成因，是过多的甘油三酯堆积在肝细胞中，造成肝细胞肿胀和发炎。大部分猫咪的脂肪肝，是由于其他疾病或问题导致猫咪一段时间内食欲下降不吃饭，身体分解脂肪产生大量的甘油三酯，超出肝脏细胞的负荷而使其肿胀发炎。

患有脂肪肝的猫咪常因食欲不振、呕吐或是出现厌食症而不愿进食，导致脂肪肝进一步加重。所以，面对脂肪肝，越早恢复猫咪的食欲，其康复的概率就越大。

喂食方法

经口灌食

这是最方便的方式，也是最困难且耗时的方法。因为生病的猫咪常会排斥灌食，或在强迫灌食时出现呕吐。

鼻胃管灌食

鼻胃管是最容易安装且不用全身麻醉的灌食管，不过鼻胃管相当细，只能使用流食，目前台湾市面上没有针对猫咪脂肪肝设计的流食，所以采用鼻胃管可选择的食物非常少。此外，由于鼻胃管容易造成鼻腔发炎以及猫咪不适，插入的时间不能太长，通常只有数天。

食道胃管灌食

需要短时间的全身麻醉，并通过 X
射线确定食道胃管的位置。食道胃管的
管径比鼻胃管大上许多，可以将针对猫
咪肝脏疾病的干饲料磨碎做成泥状后灌
食，因此，采用食道胃管的话可选食物
较多，且食物的营养成分比较均衡。铲
屎官必须注意每天为猫咪清洁创口，以
及保持食道胃管内一直有水分，以免食
物干掉造成阻塞。

胃管与肠管灌食

这两种方式在台湾较少使用。胃管
的放置需要有内窥镜辅助，肠管则更适
合同时患有胰腺炎的猫咪。不过，患有
胰腺炎的猫咪，其身体状况不适合做较
长时间的麻醉手术，因此，食道胃管灌
食是目前比较适合的灌食方式。

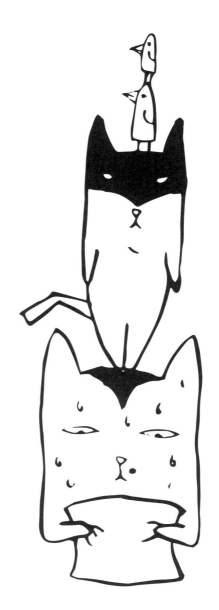

食物的选择

我们会基于猫咪的静息能量需求来计算初期喂食的量。可先计算静息能量需求（参阅第12页表），再利用饲料包装上的成分分析表，计算出一天所需的喂食量。

除非猫咪的脂肪肝已经引发肝性脑病，即由于血氨过高造成猫咪意识不清、流口水、呕吐等，否则不应特别限制患脂肪肝猫咪的蛋白质摄入量。人类的流食也不适合猫咪，因为这一类食物中缺乏许多猫咪的必需氨基酸，而且蛋白质含量不足。

针对猫咪肝脏疾病设计的饲料，以及经过磨粉调制的普通饲料，都比较适合灌食。

喂食前，应先将食物稍微加热，如此可以减少猫咪被灌食的不适感。喂食量可以先从总量的1/3开始，一天喂食3~4次，以降低猫咪呕吐的发生率，并观察猫咪对灌食的反应。

铲屎官应该用4~5天的时间，逐渐增加喂食量以达成目标。不过，在增加喂食量的同时，也应注意在灌食时猫咪出现的干呕、流口水、焦躁不安等症状。如果出现这些症状，先暂停喂食，且停止增加喂食量，以免诱发猫咪呕吐。

对于已经出现厌食症的猫咪，铲屎官可以轻易地看出来，因为这些猫咪完全不愿意自主进食，甚至闻到或看到食物，就开始干呕以及流口水。

05 / 特殊照顾

根据美国兽医营养协会专科医生、加利福尼亚大学戴维斯分校（University of California, Davis）兽医内科专科医生斯坦利·L. 马克（Stanley L. Mark）的建议，对于出现厌食症的猫咪，应为其放置食道胃管，且在 10 天内尽量都以食道胃管灌食每日所需的喂食量，直到猫咪自己表现出对食物的兴趣，再给予猫咪新的食物，观察猫咪是否愿意自主进食。

补品

在喂食的时候，也可以添加补品来获得更好的效果，例如营养膏等。在添加之前，切记先与宠物医生讨论，确定自己的猫咪可以食用该补品后再添加。

钾离子

钾离子不足，是猫咪患脂肪肝时最常见的离子不平衡问题，额外给予猫咪钾离子可以改善猫咪的厌食症状以及肝性脑病。补充的剂量应基于血检数值，并与宠物医生讨论后确定。

左旋肉碱

2000~2003 年，一系列的研究发现，左旋肉碱（L-Carnitine）可以预防过胖猫咪在减重过程中发生脂肪肝。因此，可以在猫咪的每日饮食中添加 250~500 mg 的左旋肉碱，以协助控制脂肪肝病程。再次提醒铲屎官，在使用左旋肉碱前，一定要先跟宠物医生确认，自家的猫咪可以使用这种补剂。

维生素 B_{12}

维生素 B_{12} 也经常被添加在食物中，尤其对于由肠胃炎或胰腺炎诱发的脂肪肝，维生素 B_{12} 可以辅助恢复胃肠道健康。

牛磺酸

建议在每日的饮食中添加 250~500 mg 牛磺酸和 100~200 mg 维生素 B_1。目前的研究发现，牛磺酸对脂肪肝的恢复有帮助。

抗氧化成分

在脂肪肝、肝炎、慢性肝炎等肝脏疾病中，自由基的伤害占比非常大。抗氧化成分可以有效对抗自由基，因此对于抗氧化成分在肝脏疾病治疗中的作用，研究越来越多。

维生素 E 对细胞来说是很重要的抗氧化成分，给患有肝脏疾病的猫咪使用维生素 E 有助于对抗铜、胆酸以及其他肝毒性物质的伤害。不过，维生素 E 属于脂溶性维生素，添加前应先与宠物医生讨论，再由宠物医生出具处方剂量，以免过量补充造成中毒。

活性甲硫氨酸

大家对活性甲硫氨酸比较熟悉的名字是 SAMe。此种物质是谷胱甘肽（Glutahione）的前体，而谷胱甘肽又是肝脏抗氧化系统中非常重要的物质，因此，为患有肝脏疾病的猫咪补充活性甲硫氨酸，也有助于对抗自由基的伤害。

活性甲硫氨酸的补充剂量是每日一次，每千克体重 20 mg。

值得一提的是，活性甲硫氨酸有两种异构体，当然也存在效果上的差别。不过，目前市面上销售的活性甲硫氨酸并没有标明两种异构体各自的比例，因此，各种品牌的活性甲硫氨酸可能存在效果差别。

水飞蓟

水飞蓟（Milk Thistle）是一种常用来保肝的保健品，其主要作用成分是水飞蓟素（Silymarin）。现在的大多数宠物医生会直接开处方药给猫咪服用，铲屎官不用自己购买。

糖尿病

猫咪的内分泌疾病不算少，其中最常见的应该是糖尿病和甲状腺功能亢进症，而糖尿病又与食物及营养状况有莫大的关系。

人类糖尿病目前分为五型，犬、猫糖尿病则没有那么复杂。这主要是因为，许多用于人类疾病的检测手段在动物身上无法使用，因此，动物医疗领域通常将犬、猫糖尿病分为胰岛素依赖型和非胰岛素依赖型两种。大多数患病猫咪属于非胰岛素依赖型。

两种糖尿病的差别在于，胰岛素依赖型糖尿病是由于体内胰岛素分泌不足，而非胰岛素依赖型糖尿病则是由于细胞无法对体内胰岛素作出正常响应。

值得注意的是，非胰岛素依赖型糖尿病有可能依靠饮食调节控制血糖，而不是依靠注射胰岛素来控制血糖。这也是某些患有糖尿病的猫咪"自愈"的原因之一。

需要控制的营养要素

水

对于糖尿病猫咪的饮食控制，最重要的一项就是水。

虽然听起来很简单，但我常在诊室见到脱水严重的糖尿病猫咪。这是由于糖尿病会导致猫咪出现三多：多吃、多喝、多尿。其中多喝和多尿，是因为血糖过高造成尿中含糖，使得尿液渗透压升高而从身体带走更多的水分，使身体水分流失增加导致脱水。猫咪只能多喝水以补充水分。

即使是在宠物医生控制猫咪血糖的过程中，也会出现部分时段血糖值高于正常值的情况，因此，即便是对于正在使用胰岛素控制血糖的猫咪，也要随时提供充足干净的饮水，以避免猫咪脱水。

体态

多吃的原因比较复杂。糖尿病猫咪会由于身体细胞无法正常利用血糖，身体时常感觉处于饥饿状态导致猫咪即使血糖已经很高了还是会不停地吃。此外，因为细胞无法妥善利用血糖，只好分解其他成分来提供所需的能量，导致猫咪体内的脂肪和蛋白质开始减少，进而造成猫咪体重下降。

更严重的是，在分解其他成分的同时，会产生酮体这种对身体有害的副产物。肥胖的猫咪更容易出现酮体症，当然，较为肥胖的猫咪原本就更容易发生糖尿病，这点跟人类一样。随着猫咪变得肥胖，其身体对胰岛素的敏感性会大幅下降，降幅可高达52%，使非胰岛素依赖型糖尿病的发生率增加。因此，维持猫咪的理想体态十分重要。

碳水化合物

碳水化合物是身体中葡萄糖最直接的来源。碳水化合物的构造复杂程度，会影响血糖的控制。例如，大麦消化后产生的葡萄糖进入血液的速度，就远比马铃薯来得慢，因此大麦可作为较好控制血糖的碳水化合物来源。

当前，全球的宠物医生和铲屎官对于猫咪到底适不适合食用碳水化合物各持己见。

许多宠物医生以及饲养经验丰富的铲屎官都认为，猫咪是肉食动物，碳水化合物对它们而言并非必需营养素，且给予碳水化合物后还会增加血糖控制的压力，因此，不应该在猫咪饲料中添加碳水化合物。此外，还有观点认为，猫咪肥胖以及糖尿病发生率的升高，就是在猫咪饲料中使用碳水化合物导致的。不少网络文章都认为，猫咪糖尿病的发生，是由于长期食用含有碳水化合物的饲料，摄入过多碳水化合物导致的。

事实上，国外在 2009 年有关猫咪糖尿病的研究就已经确定，猫咪糖尿病的最主要原因只有两种：一是胰岛素分泌不足，此种较少见于猫咪；二是胰岛素敏感性变差，此种在猫咪身上较为常见。

如果给予已经罹患糖尿病的猫咪过多的碳水化合物，确实会使猫咪的血糖更难以控制，但就目前的研究来说，饲料中的碳水化合物并非导致猫咪糖尿病的原因之一。

可以确定的是，肥胖的猫咪比较容易发生糖尿病，这点跟人类一样。2005 年的一项流行病学研究发现，猫咪肥胖的发生与高脂肪食物有关，而非高碳水

化合物食物，这点与人类肥胖的原因有些不同。

尽管目前的研究普遍认为，食物中的碳水化合物不是造成猫咪糖尿病的原因，但是仍有许多宠物医生和铲屎官认为，在猫咪饲料中添加碳水化合物不好。事实上，对健康的猫咪来说，饲料中的碳水化合物并不会给猫咪身体造成负担，或是导致糖尿病的发生。

不过，铲屎官需要注意的是，已经有糖尿病的猫咪不适合摄入过多的碳水化合物，以免影响血糖的控制。

膳食纤维

膳食纤维有多种，为了方便区分，可根据膳食纤维的水溶性将其分为两大类：可溶性膳食纤维和不溶性膳食纤维。可溶性膳食纤维可以减慢胃排空速度，减缓小肠营养吸收速度，并且更容易被小肠细菌发酵；不溶性膳食纤维则相反。

利用膳食纤维的这种特性，我们就可以控制糖尿病猫咪营养吸收的速度，进而控制血糖的高点。

如果铲屎官想利用膳食纤维来辅助控制血糖，可以在选用饲料或是自煮鲜食时考虑含有可溶性膳食纤维的食物，例如燕麦、洋车前子、胡萝卜、亚麻籽等。

脂肪

大多数糖尿病猫咪的脂肪代谢异常，因此，糖尿病猫咪常伴随着甘油三酯或胆固醇过高的问题。这些都会增加胰腺炎的发生率，因此，需要限制糖尿病猫咪饮食中的脂肪含量，并追踪糖尿病猫咪血液中的甘油三酯和胆固醇含量，预防胰腺炎的发生。

蛋白质

由于糖尿病猫咪无法充分利用血糖提供能量,所以猫咪体内的蛋白质会加速分解,进而导致猫咪肌肉萎缩和体重下降。

铲屎官应注意降低糖尿病猫咪饮食中的碳水化合物的含量,以便猫咪更好地控制血糖。如果猫咪同时患有肾脏疾病,还应降低蛋白质的摄入量。

矿物质及维生素

糖尿病猫咪容易出现低血磷、低血钾、低血钠、低血钙、低血镁,以及维生素 D 缺乏的问题,但一般来说,只要能够有效地控制猫咪的血糖,可以避免上述问题。

铬是近年来十分热门的人用糖尿病补剂。铬关系到体内的碳水化合物和脂肪的代谢,也是细胞利用胰岛素的重要辅助成分。但是,铬对猫咪糖尿病的效果尚无定论,也就是说,目前无法证明铬补剂可以协助控制猫咪糖尿病。

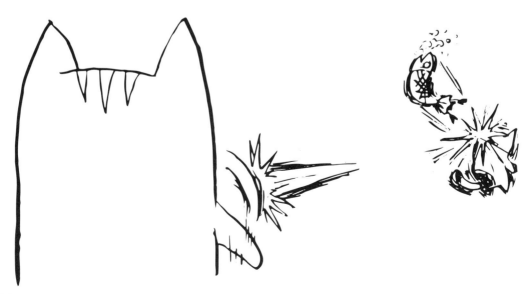

喂食方式

糖尿病猫咪应避免食用半湿食。因为半湿食常会添加碳水化合物，不利于血糖控制，甚至会加重猫咪多尿的状况，导致猫咪脱水。建议铲屎官选用干饲料或者罐头。

虽然目前市面上有多种糖尿病处方饲料供铲屎官选择，但铲屎官需要注意，每只猫咪的情况不同，因此宁可选择猫咪愿意吃的食物，也不要一味地使用处方饲料。稳定进食才是控制血糖最基本的原则。在此原则下，我们再选择低碳水化合物、高膳食纤维（可溶性膳食纤维）、中等蛋白质含量的饲料，这才是最合适的。

因此，在猫咪刚诊断出糖尿病时，应先维持原本的饲料不要更换，除非猫咪同时患有其他疾病，例如胰腺炎。猫咪愿意吃的饲料比处方饲料对于控制血糖更有效。

前文提到，可溶性膳食纤维对于血糖的控制有帮助，但其效果并不会马上显现，可能需要数周时间才能看到成效。如果铲屎官想要增加猫咪的膳食纤维摄入，有两种方式。第一种是换用处方饲料。目前市面上针对糖尿病的处方饲料，都有添加可溶性膳食纤维。对于不想更换处方饲料的铲屎官，可以选择第二种方式：自行在猫咪的饮食中添加含有可溶性膳食纤维的食物。

在饮食中添加可溶性膳食纤维，可以选择添加复合膳食纤维，例如圆苞车前子壳粉（Psyllium Husk），在每日的饮食中添加 15~45 ml，或者将其混于罐头中给予。直接添加可溶性膳食纤维的话，一般建议添加瓜尔豆胶（Guar Gum）。瓜尔豆胶是食用胶的一种，常用于冰激凌以及蛋糕等食品中。铲屎官可以在每日的饮食中添加 2~4 茶匙。先将瓜尔豆胶与水混合形成凝胶，再将其加入罐头中给予猫咪。不宜将尚未混合成凝胶的瓜尔豆胶给予猫咪，以免其进入胃肠道之后才形成凝胶造成肠胃问题。

要特别提醒铲屎官，人工甜味剂（Artificial Sweetener）和木糖醇虽然也算是膳食纤维，但千万不能在猫咪的饮食中添加这类物质，因为猫咪的身体无法代谢这两种物质。

甲状腺功能亢进症

甲状腺功能亢进症是常见的猫咪内分泌疾病。虽然有研究认为，甲状腺功能亢进症与营养有关，但是该疾病没有像猫咪糖尿病那样丰富的研究实例。

关于猫咪甲状腺功能亢进症的可能原因，有多种假说。例如，曾经用于添加在猫咪罐头中的双酚 A、大豆，以及微量元素硒、碘等都曾被认为是导致猫咪甲状腺功能亢进症的原因，但并无研究予以证实，因此无法确定，是否可以通过控制上述成分的摄入，来达到预防甲状腺功能亢进症的目标。

胰腺炎

胰腺炎可以说是铲屎官最害怕的猫咪疾病之一。目前动物医疗领域将胰腺炎分为急性胰腺炎和慢性胰腺炎两种。

急性胰腺炎和慢性胰腺炎，就症状来讲有些许不同。急性胰腺炎是短时间内发生，猫咪会出现连续呕吐、精神状态和食欲下降、脱水、腹痛等症状；而慢性胰腺炎发生时，猫咪一般不会出现严重的呕吐，但精神状态和食欲仍会受到影响。虽然用临床症状区分急性胰腺炎和慢性胰腺炎不完全准确，不过仍可将其作为诊断依据之一。

2007 年的一项针对猫咪的研究显示，常见的猫咪胰腺炎是慢性胰腺炎，虽然会导致猫咪食欲不佳和体重下降，但是大多没有明显的临床症状，因此，猫咪胰腺炎的诊断以及控制相比狗狗更为困难。

猫咪胰腺炎的研究发现，猫咪胰腺炎与肝胆肠胃疾病相关联。此外，糖尿病猫咪会因为脂肪代谢异常而容易引发胰腺炎。

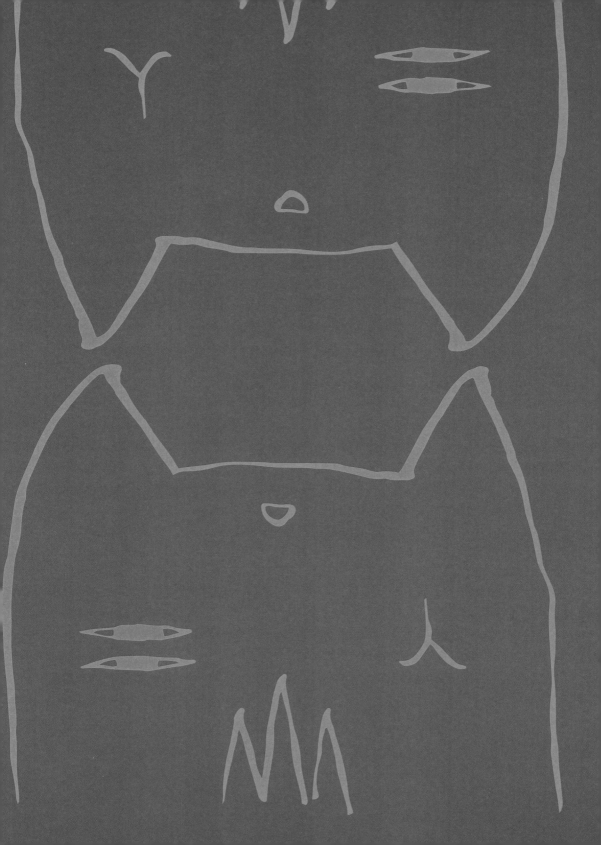

目前，引发猫咪胰腺炎的原因尚没有定论。有研究认为，暹罗猫的血脂容易偏高，所以比较易患胰腺炎。此外，1993~2007 年间，针对猫咪胰腺炎的研究认为，大部分猫咪胰腺炎属于自发性的，通俗地说就是，动物医学界尚不明确胰腺炎的发病原因。

此外，少数猫咪会因为受伤、猫传染性腹膜炎、中毒、皮肤感染、高血脂，以及肝胆肠胃疾病或是糖尿病而引发胰腺炎。

常见问题

要不要禁食禁水？

过去，对于胰腺炎猫咪，尤其是呕吐症状严重的患猫，宠物医生都会建议禁食禁水 24~48 小时。宠物医生这样建议的理论基础是让胰腺休息，同时避免呕吐引发的吸入性肺炎。

不过，后来这一理论基础受到了挑战，2008 年的一项人类医学的研究发现，在胰腺炎患者发病后 48 小时内给予食物，患者发生感染并发症以及多重器官衰竭的比率，要远小于禁食禁水的患者。因此，也有许多宠物医生认为，早期给予食物对于胰腺炎的控制应该更有帮助。

目前，已有诸多早期给予食物对犬类胰腺炎控制的研究，但是缺乏猫咪相关的研究。不过，考虑到禁食容易引发猫咪脂肪肝，同时降低其肠道免疫力，早期给予食物对胰腺炎猫咪而言应该是比较好的选择。

脂肪含量要多低才好？

其实，许多宠物医生都对市面上所谓的低脂饲料抱有疑问，因为目前并没有关于正常食物脂肪含量的明确定义。所以，低脂饲料的脂肪含量是否够低，兽医营养学界仍然争论不休。

此外，饲料商标示脂肪含量的方式不同，也会影响到食物中的实际脂肪含量。因此，铲屎官在判断购买的低脂饲料脂肪含量是否够低时，应该将原食物的脂肪含量与将要换用的食物的脂肪含量进行对比。

对于患有高血脂或胰腺炎的猫咪，铲屎官在调整饮食时，应确保食物的脂肪含量低于原食物，如此才能符合"低脂"的要求，并在此基础上评估饮食改变后的效果。

因此，在选购饲料时，铲屎官不能单纯地相信饲料包装上是否标有低脂字样，而是要将其与原饲料的脂肪含量进行对比，以确认换用饲料的脂肪含量低于原饲料。

限制脂肪摄入的重要性

就生理来讲，完整的蛋白质以及甘油三酯，都会刺激胰腺分泌消化酶，所以，减少食物中的脂肪可以降低对胰腺的刺激。而且食物中的脂肪还会减慢胃排空的速度，并减缓肠道蠕动，这两种副效应都会对患有胃肠道疾病的猫咪造成不良影响。

不过，在针对自然发生胰腺炎的猫咪的多个研究中，都没有发现高脂肪食物与胰腺炎的相关性。这是猫咪神秘的地方，跟人类以及狗狗的研究结果很不相同。

有些市售的猫咪低脂饲料中含有大量膳食纤维，这对患有胃肠道疾病的猫咪并不是好事情，所以在选择饲料时，铲屎官应多征求宠物医生的意见。尽管目前没有证据显示，高脂肪饲料会引发猫咪胰腺炎，但是鉴于血脂过高会增加猫咪患胰腺炎的风险，所以对于胰腺炎猫咪，还是建议铲屎官换用比原饲料脂肪含量更低的新饲料。

胰腺炎猫咪的饮食控制重点是，提供足够的营养，并避免过度刺激胰腺分泌消化酶。根据目前的研究结果，过去宠物医生建议的禁食禁水 1 天，或是禁食禁水至猫咪不再呕吐的方式已经过时，现在的建议是，越早进食，对猫咪胃肠道的营养、免疫和恢复的效果越好。

在给予食物前，应先使用药物控制猫咪的呕吐症状，在确定猫咪食用流食不会呕吐后，再给予猫咪清水，以免猫咪呕吐导致吸入性肺炎或是气管阻塞。对于已经禁食禁水 3 天以上的猫咪，除了补足水分外，应尽快开始喂食。在这种情况下，就算猫咪的呕吐症状尚未得到完全控制，也应选择先行喂食，以免引发猫咪脂肪肝，使病情复杂化。

食物的选择

在台湾，宠物医生过去只能选择胃肠道处方饲料，而近几年已经有饲料厂商开发出针对猫咪胰腺炎的低脂饲料。

此外，可以用农家干酪（Cottage Cheese）混合米饭作为短期的替代食物。农家干酪是一种高蛋白、低脂肪的奶酪，颇为适合胰腺炎猫咪。当然，对于不喜欢奶酪的猫咪，可以考虑将水煮鲔鱼混入婴儿米粉或将鸡胸肉混入婴儿米粉作为短期替代食物。铲屎官需要注意的是，

相比鸡胸肉，鲔鱼的脂肪含量更低一些。

不过，最重要的还是猫咪是否愿意食用，铲屎官不应一味地给予猫咪低脂食物而忽略猫咪的意愿，以免因为猫咪拒吃而引发猫咪脂肪肝。

喂食方式

我在诊室常见到拒绝吃饭的胰腺炎猫咪，要让这些猫咪开始吃东西，往往比用药控制其呕吐还难。既然已经确定越早开始喂食，对胰腺炎猫咪的胃肠道健康恢复越好，对于这些不肯吃饭的猫咪，喂食管就是一个很好的替代方案。

喂食管分为几种，鼻食道管、鼻胃管、食道胃管、肠管等，选择还算多样，铲屎官往往不知道哪一种是适合胰腺炎猫咪的，这里提供几个大原则供参考。

鼻食道管和鼻胃管。如果猫咪身体并不虚弱，而且猫咪的呕吐症状不严重，胰腺炎病程不长，可以选择鼻食道管或鼻胃管。这两种喂食管只需对猫咪局部麻醉，并且可以快速放置，缺点是不宜久放，放置时间不应超过1星期，以免同侧鼻腔感染引发其他问题。同时，铲屎官需要注意，鼻管的直径很小，仅能喂食流食，因此限制了食物的种类。

此外，目前市面上没有低脂的动物用流食，少数人类的流食营养品虽然脂肪含量较低，但因为存在氨基酸缺乏的问题，仅能短时间使用。

食道胃管。对于可以接受短时间麻醉的猫咪，尽早放置食道胃管可能是比较好的选择。食道胃管可以让饲主给予磨碎的饲料，这样可以在满足营养和低脂需求的基础上丰富铲屎官对猫咪食物的选择，对猫咪长期营养来说也比较好。食道胃管除了有麻醉的风险外，还需要铲屎官每天做好创口清理，以免感染。

喂食量

喂食量一开始是以猫咪的静息代谢能量需求为参照的，计算方式参阅本书第1章（见第13页公式）。

$$70 + （30 \times BW）$$

如果猫咪已经住院，宠物医生会帮你确定喂食量。刚开始给猫咪喂食时，可能会伴随呕吐等问题，因此，不论是猫咪自主进食，还是使用喂食管喂食，都必须循序渐进，避免急于求成造成猫咪呕吐以及厌食。

胰腺炎长期控制的关键在于，在急性胰腺炎发生时，猫咪是否有高血脂

问题，以及能否确定急性胰腺炎的成因。

如果猫咪的急性胰腺炎是由单次的暴饮暴食或药物等因素引发的，而且猫咪没有高血脂问题，那么在急性胰腺炎治愈后，猫咪通常不需要长期食用低脂饲料。但如果猫咪有高血脂，或是反复出现由胰腺炎导致的呕吐及食欲不振，那么就有必要为猫咪更换比原饲料脂肪含量更低的饲料。

慢性胰腺炎

许多猫咪在罹患急性胰腺炎后，或是在患有慢性小肠疾病的情况下，病情会发展成慢性胰腺炎。

所谓慢性，指的是胰腺的发炎程度较轻，范围较小，但是持续的时间非常长。慢性胰腺炎并不会使猫咪出现严重的精神不振、食欲下降以及连续呕吐，但是猫咪会出现间歇性呕吐，并伴随着体重缓慢下降和营养不良等问题。

对于慢性胰腺炎，目前尚没有确切疗效的药物可用，饮食控制是慢性胰腺炎治疗计划中最重要的一环。在本节开头曾提到，刺激胰腺分泌的营养素有两种：脂肪和蛋白质。

控制慢性胰腺炎的第一步，降低食物脂肪含量。换用脂肪含量比原饲料更低的饲料。铲屎官应先查验当前食用饲料的脂肪含量，因为处方饲料的脂肪含量不见得会比当前食用饲料的脂肪含量更低。

控制慢性胰腺炎的第二步，控制蛋白质含量。猫咪是肉食动物，因此，除了挑选比原饲料脂肪含量更低的新饲料，也应注意不要直接换成高蛋白质的饲料。这的确很难选择，但只要铲屎官能对当前食用饲料的成分做好分析，就很容易挑选出脂肪含量更低，且蛋白质含量不会过高的饲料。

要提醒铲屎官注意，近年来流行的"无谷饲料""生食配方"或是"外形像热狗的副食品"均属于高脂高蛋白食品。铲屎官在挑选饲料时，应先与宠物医生讨论，然后再确定选择的饲料。

退化性关节炎

从人类和犬类的退化性关节炎研究可知，控制肥胖可以降低退化性关节炎的发生率，减轻退化性关节炎的症状。但猫咪的退化性关节炎研究较少，而且从研究结果来看，人类和犬类的退化性关节炎研究结果并不完全适用于猫咪。

不过，肥胖会加重猫咪关节的负担已是不争的事实，当前尚未有定论的是，肥胖带给猫咪关节的负担是否会加速退化性关节炎的发生。此外，铲屎官很难注意到猫咪退化性关节炎的症状，尤其是老年猫咪，因为它们的活动量下降，跑跳的机会大幅减少。

当发生退化性关节炎时，铲屎官往往希望能够减轻猫咪的不适感。关节保健品因此应运而生。

在为人类和犬类设计的关节保健品中，最知名的两种成分就是氨基葡萄糖（Glucosamine）和硫酸软骨素（Chondroitin Sulfate）。归功于许多大型犬种的存在，现有关于犬类关节保健的研究很多，而猫咪相关的关节保健研究就少得可怜。不过，少量关于退化性关节炎猫咪补充

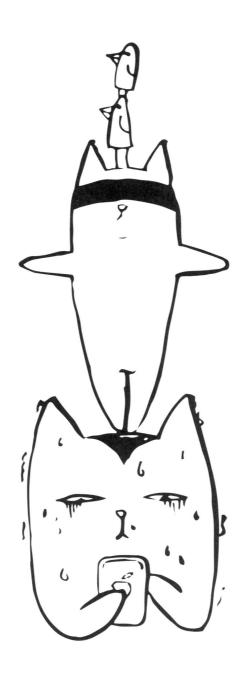

氨基葡萄糖和硫酸软骨素的研究认为，氨基葡萄糖和硫酸软骨素同样可以改善猫咪退化性关节炎的临床症状以及缓解疼痛。

近年来，许多新的研究发现，其他保健品也可以改善由关节问题引发的疼痛，例如鱼油（含有 ω–3 多不饱和脂肪酸）、鳄梨豆非皂化物（Avocado Soybean Unsaponifiables，ASU），以及绿唇贻贝萃取物（Green–lipped Mussel Extract）。但是，上述保健品对猫咪的效果尚无研究证实，因此还是应以减重和运动控制为主。

并非每一种不饱和脂肪酸都具有消炎的效果，但 EPA 和 DHA 都可以有效抑制炎症，其中又以 EPA 效果最好。其他脂肪酸，例如，亚麻籽油和其他植物性油中的脂肪酸就没有这样的消炎效果。因此，亚麻籽油和其他植物性油的消炎效果不如鱼油。此外，鳄梨豆非皂化物也是近来常见的关节保健品，不过这一关节保健品仅在几个关于犬类关节保健的研究中有所提及，目前尚没有研究证实，该产品对猫咪是否有效。

认知障碍

对许多铲屎官来说，"认知障碍"是个陌生的名词，大家比较熟悉的术语应该是老年痴呆。是的，动物也会有老年痴呆的风险。

老年动物会慢慢出现性格的变化，它们对环境的敏感度也会逐渐降低，例如，对铲屎官进出家门没有反应；睡眠习惯改变，诸如睡眠时间延长或昼夜节律颠倒等；听力减退、找不到食物、认不得主人等。其中最常见的问题是：方向感丧失，与人或其他动物的互动改变，生物钟改变以及居家习惯改变。

15~19 岁的猫咪有 50%~88% 的概率出现认知异常，其症状表现可能是轻微的睡眠时间增加，也可能是严重的失智。

老年动物的大脑，会因为氧化伤害和神经细胞中的能量中心线粒体异常造成老化，因此大脑中磷脂的脂肪酸组成会改变，进而造成认知障碍以及类似阿尔茨海默病的病变。目前，在老年犬类中已经发现与人类阿尔茨海默病早期相同的病变，但不知为何，犬类的脑部病变并不会像人类一样一直严重下去。尚没有针对猫咪的相关研究，但根据临床研究者的推论，猫咪非常有可能也会发生类似的病变。

预防认知障碍需要注重环境的改变和增加脑部刺激，这与人类医疗领域对于人的认知障碍预防的建议是相同的。当然，也可以通过药物或食疗辅助改善认知障碍的病情。

大脑对于自由基的伤害非常敏感，有研究显示，在食物中添加抗氧化成分可以延缓老年大鼠的大脑退化。其他研究显示，长期补充抗氧化成分可以延缓动物失智的病程，当然，环境多样性是必不可少的重要条件。在实际操作中，可以通过环境的改变来刺激猫咪的探索欲和发现欲。不过，想要延缓老年猫咪的认知障碍，除了改变环境，食物和保健品也可以发挥一定的作用。

目前，市面上针对老年猫咪设计的饲料以及罐头，都有添加抗氧化成分，铲屎官可以考虑额外添加的保健品有鱼油。鱼油中含有丰富的二十二碳六烯酸，也就是大家所熟知的 DHA。

DHA 是 ω-3 多不饱和脂肪酸的一种，在神经功能方面具有重要的作用，许多研究证实，在退化的大脑中，DHA 的浓度会下降。补充 DHA 或 EPA，都可以延缓失智症或是阿尔茨海默病的发生。通常的补充剂量为：EPA 每千克体重 40 mg，DHA 每千克体重 25 mg。

在挑选饲料时，铲屎官除了参考饲料厂商标示在包装上的说明，就是依靠宠物用品店以及宠物医生的推荐，但不论哪种方式，都存在许多盲点。

不论生病动物所需要的处方饲料，还是大多数猫咪吃的普通饲料，选择合适的饲料，除了需要参考猫咪体态以及进食习惯，铲屎官学会通过饲料包装上的成分表来判断饲料好坏也非常重要。接下来，我们就先来介绍一些常见的饲料成分。

碳水化合物

饲料中的碳水化合物种类很多，包括单糖、二糖、寡糖、淀粉、非淀粉类多糖等。通常，食物中的碳水化合物有两种分类方式。

4 类碳水化合物：

方式一

1. 可消化吸收的碳水化合物，例如单糖、二糖以及部分多糖

2. 不可消化的碳水化合物，例如膳食纤维以及部分多糖。

方式二

3. 可发酵的碳水化合物，例如乳糖、葡萄糖。

4. 不可发酵的碳水化合物，例如膳食纤维。

虽然饲料中通常都含有上述的 4 种碳水化合物，但饲料包装上一般只以"粗纤维"标示碳水化合物。粗纤维测定是用来测定可发酵性碳水化合物的方式，因此，用粗纤维标示碳水化合物会忽略饲料中的膳食纤维，以及其他一些碳水化合物，但对厂商而言，这是最为方便的测定碳水化合物含量的方式。2006 年，美国国家科学研究委员会对于碳水化合

物成分测定方式的建议是，应使用更新的碳水化合物的检测方式取代原有的粗纤维测定。不过，该建议尚未被饲料厂商广泛接受。

很多人认为，猫咪饲料中的碳水化合物含量并不重要。事实上，虽然猫咪属于肉食性动物，但碳水化合物对猫咪的生理功能以及消化系统还是很重要的。此外，与其他肉食性动物不同，猫咪的小肠会分泌消化碳水化合物的消化酶，猫咪可以消化二糖等碳水化合物，饲料厂商也因此可以使用碳水化合物来提供能量，以降低饲料成本。

猫咪的确不像犬类或人类那样可以快速利用肠道内的碳水化合物，不过，认为猫咪不需要碳水化合物也不正确。猫咪是可以利用少量的碳水化合物提供能量的。不过，想自行制作鲜食给猫咪吃的铲屎官应特别注意，过多的碳水化

合物（超过 25%）会造成猫咪血糖升高。此外，1991 年的一项研究发现，饲料中的碳水化合物含量过高会改变猫咪尿液的 pH 值，容易导致猫咪结石。

饲料厂商会在饲料中使用碳水化合物，主要有两个原因：一是作为赋形剂，也就是让饲料能够形成固定的颗粒；二是碳水化合物是成本相对低的能量来源，添加碳水化合物可以增加单位重量饲料的能量，且相比添加动物脂肪成本更低。

目前，市面上大部分的猫咪饲料粗纤维的占比都没有超过 25%，不过，这个数据来源于美国国家科学研究委员会2006 年的调查，许多近年新出现的饲料厂商及其产品可能尚未列入美国国家科学研究委员会的调查范围。即使猫咪饲料中含有少量的碳水化合物，铲屎官也不用太过担心，因为猫咪是可以消化少量碳水化合物的，同时目前也没有任何

证据显示，饲料中的碳水化合物会对猫咪的健康造成不良影响。

近年来流行的素食猫咪饲料，因为不符合猫咪肉食性动物的生理需求，所以不建议作为主食。此外，要特别提醒铲屎官，因为幼猫缺乏胰腺淀粉酶，所以不建议给予幼猫过多的淀粉类食物，在为幼猫挑选代奶粉时要注意避开含淀粉的产品，以免猫咪食用后胃肠道不适。

脂肪

脂肪可以增加食物的适口性，并帮助身体吸收脂溶性维生素。动物食物中的脂肪根据来源可分为动物性脂肪和植物性脂肪两种。动物性脂肪又可分为陆地哺乳动物脂肪和海洋动物脂肪。

为何要这样分类？这是因为饲料中常使用的动物性脂肪源自陆地哺乳动物，这些陆地哺乳动物多以植物为食，而海洋动物的食物来源与陆地哺乳动物完全不同，因此，这两种动物所提供的脂肪也很不同。这也是深海鱼油或是其他海洋动物的油脂，可以提供较多优质的多不饱和脂肪酸，且无法用陆地哺乳动物油脂替代的原因。

等重的脂肪可以比蛋白质以及碳水化合物提供更多能量，这在饲料制造上非常重要。脂肪在饲料包装上多以"粗脂肪"表示，粗脂肪的测定方法就不多谈了，不过对于烘烤食物，例如烘烤的肉干以及饼干，可能存在脂肪含量被低估的问题。如果猫咪有肥胖问题，铲屎官应注意不要过多喂食这类零食。

对于脂肪的消化以及吸收，猫咪通常没有太大的问题，因为肉食性动物对脂肪的吸收率都非常高。铲屎官常有疑虑的地方是，多不饱和脂肪酸（包含

ω-6 脂肪酸和 ω-3 脂肪酸）的比例。对于常见饲料或是营养品厂商标明的最佳比例，美国国家科学研究委员会并未给出定论。

这很奇怪。官方的说明是，每个实验室的测定方法，以及选择测定的多不饱和脂肪酸都不相同，再加上每种多不饱和脂肪酸在动物体内的代谢方式也不同，所以无法给出一般性建议。

根据人类营养学研究提供的建议（同样的，各研究机构使用的方法体系也不同），ω-6 和 ω-3 多不饱和脂肪酸的最佳比例一般是 6∶1 到 8∶1，铲屎官可以以此为依据挑选需要的产品，直到有更新的研究结论出现。

近年来在动物保健领域很热门的 EPA 以及 DHA 都属于 ω-3 多不饱和脂肪酸。这两种多不饱和脂肪酸对于动物的神经系统、免疫系统以及炎症反应都有十分重要的作用，在保健品章节中有详细的介绍。

要强调的是，猫咪的脂肪代谢与人类并不完全相同，尤其是脂肪酸的代谢，猫咪更是异于人类，因此，不能将人类脂肪摄入的建议直接套用在猫咪身上。

例如，猫咪无法有效地将亚油酸（LA）转化成长链多不饱和脂肪酸，虽然不需要为成年猫咪额外添加脂肪酸，但对于生长中的幼猫、怀孕的母猫以及哺乳中的母猫，则需要额外为其添加。因此，针对这类猫咪的饲料都会额外添加适量的花生四烯酸（AA），使猫咪可以自行合成所需要的多不饱和脂肪酸。花生四烯酸在肉类中的含量较高，这一点对想为自己猫咪制作鲜食的铲屎官来说特别重要，铲屎官也可以添加鱼油为猫咪补充多不饱和脂肪酸。

蛋白质

早在 1852 年，就有蛋白质与猫咪营养关系的相关研究报告，但是正式的蛋白质营养研究却直到 1950 年才开始。一直到 1979 年，营养学家才确定了猫咪所需要的必需氨基酸。

要知道动物的蛋白质需求，需要测定氮平衡，这里不对具体的测量方法进行赘述。依据测定氮平衡所得的数据，可以推测猫咪所需的蛋白质的量。

通过美国国家科学研究委员会的文章可以了解到，目前市面上所有的猫咪干饲料都可以提供猫咪所需的蛋白质。不过，这个数据来自美国国家科学研究委员会 2006 年的研究，许多近几年出现的饲料厂商及其产品可能尚未进入美国国家科学研究委员会的研究范围。

猫咪食用含有蛋白质的食物后，需要经过身体内一系列的生理生化过程，才能得到身体所需的必需氨基酸。动物所需的必需氨基酸很多，对猫咪而言，其中特别重要的就是牛磺酸和精氨酸。猫咪缺乏精氨酸可能会迅速出现生理异常，严重时甚至导致死亡。不过，精氨酸的摄入很简单，可以经由一般肉类和乳制品获得。选用干饲料的铲屎官则不用担心，因为目前市面上的干饲料都能为猫咪提供足够的精氨酸。

牛磺酸也是猫咪身体所需的必需氨基酸。猫咪缺乏牛磺酸会出现视力问题，引发肥厚型心肌病。不过，这样的临床症状常需要数个月到数年的时间才会显现，因此，铲屎官应该选择营养均衡的饲料，以避免猫咪缺乏牛磺酸。网络上有很多如何在猫咪饮食中添加牛磺酸的文章，许多饲料商也会在商品包装上注明其产品添加了牛磺酸。不过，根据美国国家科学研究委员会的研究，猫咪对牛磺酸的吸收并非单纯依赖肠道，因此，在不合适的食物中添加牛磺酸，可能适得其反。

采用自煮鲜食喂养的铲屎官更应注意，如果食物中猫咪无法消化的纤维或植物性蛋白过多，猫咪对牛磺酸的吸收效率会下降。早在 1987 年就有研究发现，即使使用特制罐头（每千克含有 1400~1800 mg 牛磺酸）喂食猫咪，猫咪仍会罹患肥厚型心肌病。由于不合适的食物组合会大大影响牛磺酸的吸收效率，所以美国国家科学研究委员会的说明只给出了饲料中添加牛磺酸的建议值。对采用自煮鲜食喂养的铲屎官来说，该建议风险较大，不过仍可作为参考，即在每千克罐头食物中添加 1700 mg 牛磺酸（罐头干物质能量为每克 4 kcal）。

维生素

维生素种类非常多，通常分为水溶性维生素和脂溶性维生素，这里只介绍对猫咪比较重要的维生素。

脂溶性维生素

维生素 A

由于猫咪无法直接利用类胡萝卜素（Carotenoids）合成维生素 A，因此猫咪饲料通常会直接添加维生素 A。铲屎官在自煮鲜食中单纯地添加富含类胡萝卜素的食物，例如胡萝卜、南瓜，并不能为猫咪提供足够的维生素 A。

对于成年猫咪以及幼猫，维生素 A 的建议剂量是每 1000 kcal 能量 200 mg。怀孕以及泌乳的母猫所需的维生素 A 是上述建议剂量的两倍。

铲屎官要特别注意的是，由于维生素 A 是脂溶性维生素，因此添加过量会造成猫咪中毒。目前已有研究证实，给予幼猫过多的维生素 A 会造成其骨骼生长异常；给予怀孕母猫过多的维生素 A，则会造成畸胎以及死胎。

维生素 D

维生素 D 也是脂溶性维生素。猫咪缺乏维生素 D 会出现佝偻症，因此在幼猫食物中添加维生素 D 特别重要。

维生素 D 通常是以维生素 D_3 的形式添加。幼猫以及怀孕和泌乳母猫的建议剂量是每 1000 kcal 能量 1.4 mg；成年猫咪的维持建议剂量虽然没有太多的研究，不过同样是每 1000 kcal 能量 1.4 mg。

过量的维生素 D 会造成猫咪厌食、呕吐、饮水量增加，摄入非常高剂量的维生素 D 甚至会造成猫咪血管钙化、气管钙化，以及肾脏钙化和出现草酸钙结晶。造成猫咪摄入过多维生素 D 的常见情况有三种：误食鼠药、喂食过多鱼类内脏和食用以鱼类内脏为主的饲料。

1992 年，美国就曾出现多起因猫咪食用以鱼类内脏为主的饲料而造成维生素 D 过量摄入的事件。采取自煮鲜食喂养的铲屎官应特别注意，尤其不要在鲜食中添加鲔鱼肝，因其维生素 D 的含量相当高。

维生素 E

维生素 E 同样是猫咪容易缺乏的脂溶性维生素。猫咪缺乏维生素 E 会出现厌食、脂肪异常、脂肪炎等问题。只吃罐头的猫咪最容易出现维生素 E 缺乏，如果铲屎官选择以罐头为主食的喂养方式，需要特别注意罐头的成分表上是否注明额外添加了维生素 E。

由于维生素 E 与食物中的多不饱和脂肪酸有关，所以很难给予铲屎官维生素 E 的一般建议用量。美国国家科学研究委员会建议，对于喂食低脂食物（粗脂肪含量小于 10%）的猫咪，应给予每千克饲料 24 mg 的维生素 E，而对于喂食高脂食物或额外添加鱼油等含有大量多不饱和脂肪酸食物的猫咪，则应给予每千克饲料 120 mg 的维生素 E。

过量的维生素 E 相较其他脂溶性维生素要安全一些。虽然研究较少，但根据 1996 年的一项研究，过量的维生素 E 会抑制维生素 K 的效果，从而造成凝血时间延长。

维生素 K

维生素 K 对身体的凝血功能十分重要，猫咪缺乏维生素 K 会导致其凝血时间延长以及出血。

目前市面上的许多猫咪饲料并没有额外添加维生素 K，因为猫咪可以自行合成这种维生素。不过，如果饲主喂食以鱼类为主的罐头，就会发生猫咪因维生素 K 不足而造成出血的问题。

1996 年就发生过猫咪只吃高含量鲔鱼以及鲑鱼罐头导致维生素 K 缺乏的案例。因此，对于只给猫咪吃罐头或是自行制作鲜食的铲屎官应特别注意，如果绝大部分食材是鱼类，猫咪除了缺乏牛磺酸，也会出现维生素 K 不足的问题。

水溶性维生素

接下来介绍维生素 B_1、维生素 B_{12} 以及烟酸。水溶性维生素很少会因为添加过量而导致中毒，因为过量的水溶性维生素通常可以经由尿液排出体外而不会在体内累积。

维生素 B_1

缺乏维生素 B_1 会导致神经问题，严重时可能造成死亡。美国国家科学研究委员会对维生素 B_1 的建议用量为每千克饲料 5 mg。

维生素 B_{12}

缺乏维生素 B_{12} 会影响消化系统和肝脏功能。虽然维生素 B_{12} 也是身体制造红细胞所需的原料，但除非同时缺乏维生素 B_6，一般只缺乏维生素 B_{12} 对红细胞影响不大。

缺乏维生素 B_{12} 的猫咪会出现体重下降、下痢、呕吐、厌食等症状，但都不会非常严重。猫咪缺乏维生素 B_{12} 比较常见的情况是罹患炎症性肠病、肠道型淋巴癌、胆管肝炎或是胆囊炎。

可惜的是，关于猫咪维生素 B_{12} 建议用量的研究很少，不过，与维生素 B_6 不同的是，食物成分并不会影响维生素 B_{12} 的吸收，因此美国国家科学研究委员会对于维生素 B_{12} 的建议用量是每千克饲料 20 mg。

烟酸

这是猫咪无法自行合成的一种维生素，必须完全从食物中获取。

缺乏烟酸会使幼猫增重缓慢、毛发粗糙、下痢、口腔溃疡，最终导致死亡；缺乏烟酸会使成年猫咪出现体重下降和呼吸道症状，最终同样会导致猫咪死亡。

美国国家科学研究委员会对于烟酸的建议用量是每千克饲料至少 40 mg。此外，需要特别提醒采用自煮鲜食喂养的铲屎官，虽然除了动物肝脏、肉类、奶蛋类富含烟酸，全麦制品、小麦胚芽、糙米也富含烟酸，但美国国家科学研究委员会的研究报告明确指出，猫咪无法有效地从上述谷物中摄入足够的烟酸，对于用谷物制作的鲜食或选择添加谷物以增加烟酸含量的饲料，猫咪对其中烟酸的利用率最多只有 30%，甚至可能完

全无法利用，铲屎官应特别注意。

其他饲料添加物

随着猫咪保健品的研究越来越多，饲料厂商也开始将这些保健品添加到饲料中，因此，接下来介绍一下常添加在饲料中的保健品。

关节保健品

氨基葡萄糖

高等动物可以利用氨基葡萄糖合成糖胺聚糖（Glycoaminoglycan，GAG），再进一步形成软骨以及关节组织。此外，氨基葡萄糖还参与某些糖蛋白的合成，后者可以抑制破坏软骨的酶以保护关节。

硫酸软骨素

硫酸软骨素属于糖胺聚糖的一种，同样是关节软骨的组成成分之一。除了跟氨基葡萄糖一样可以用来合成关节组织和软骨，硫酸软骨素还可以协助软骨保有水分，富含水分的软骨可以更有效地得到营养以及承受关节的冲击。

保健品中的硫酸软骨素，多由虾和蟹外壳的甲壳素水解得到，用这一方式能得到氨基葡萄糖盐酸盐（Glucosamine HCL）。此外，还有一种硫酸氨基葡萄糖（Glucosamine Sulfate），则是从牛或猪的软骨中萃取得到的。

猫咪可以自行合成氨基葡萄糖和糖胺聚糖，因此，二者并未被美国国家科学研究委员会列为猫咪的必需营养素。在饲料中额外添加氨基葡萄糖和硫酸软骨素的主要目的，是增加动物身体糖胺聚糖的合成，尤其是对于老年动物、大型犬以及工作犬。由于猫咪体重很少达到15 kg以上，也没有所谓的"工作猫"，因此氨基葡萄糖和硫酸软骨素主要用于老年猫咪的关节保护。

目前常见的关节保健品还有绿唇贻贝萃取物、二甲基砜（Methylsulfonylmethan, MSM）、鳄梨豆未皂化物等。这些关节保健品大多是在2001年的一项研究中被认为是有效的，但是2002年的另一项研究却认为，无法证明上述保健品对于动物退化性关节炎具有减缓症状的效果。

在犬、猫的关节保健研究中，只有少数狗狗相关的研究是针对上述保健品的，猫咪的相关研究几近空白。此外，即使是在人类医疗领域，对于二甲基砜是否具有关节保健作用的结论也不统一。2013年，一项针对二甲基砜的人类医学研究发现，在患有关节炎的白鼠身上过量使用二甲基砜，会造成白鼠的其他器官退化。

依照目前所能收集到的证据，对于患有退化性关节炎的猫咪，或有折耳猫关节问题的猫咪，铲屎官仍可以选择在猫咪饮食中添加氨基葡萄糖和硫酸软骨素，辅助添加绿唇贻贝萃取物、鳄梨豆未皂化物以及二甲基砜。当然，铲屎官应遵照厂商建议的用量使用，二甲基砜的用量为每天200 mg。

对于长期给予氨基葡萄糖是否会出现副作用，目前尚无相关研究。理论上，大量给予氨基葡萄糖可能会使猫咪的凝血出现问题，因为猫咪身体内的抗凝血成分肝素（Heparin）也是糖胺聚糖的一种。不过，在一些针对葡萄糖胺以及软骨素适量给予的研究中，并没有发现凝血异常。2000年的一篇研究报告认为，氨基葡萄糖可能会影响胰岛素的作用，不过，2001年的另一项研究并未发现补充氨基葡萄糖会影响动物血糖。因此，铲屎官目前可以放心补充氨基葡萄糖，但不应超过厂商的建议用量。

附录／∞

最后需要提醒铲屎官，由于氨基葡萄糖的萃取方式以及来源不同，可能会造成猫咪过敏。如果猫咪服用添加氨基葡萄糖的食物后出现胃肠道不适或皮肤问题，应立即联系宠物医生。

抗氧化成分

抗氧化成分在生物体内最重要的工作有两项，一是降低营养成分以及身体组织的氧化破坏程度，二是减少身体内的自由基伤害。其中，降低自由基伤害最为重要。

生物正常的新陈代谢都会产生自由基。自由基是带有未成对电子的原子团，由于其自身非常不稳定，很容易造成身体组织的损害。此外，紫外线、烟、空气污染，以及环境化学物质等，都可能造成体内自由基的积累。

自由基已经被证实可以造成多种器官的病变，例如癌症、关节炎、心血管疾病，以及其他退化性疾病，其中又以免疫系统最容易受到伤害。

自由基的产生与氧气有关，但动物需要氧气才能存活，所以自由基的产生是不可避免的。因此，抗氧化成分减少自由基损害的作用才备受重视。

维生素 E

这是最为人熟悉的抗氧化成分之一，主要保护细胞膜免受自由基的伤害。因为身体无法自行合成维生素 E，所以 2006 年美国国家科学研究委员会认定，维生素 E 属于猫咪的必需营养素。此外，2001 年的一项研究也发现，摄入足够维生素 E 的猫咪可以减少误食洋葱造成的对红细胞的损害。

但是，要特别提醒铲屎官，维生素 E 属于脂溶性维生素，过量摄入会导致中毒，因此不应自行为猫咪添加维生素

E。采用自煮鲜食喂养的铲屎官，应使用猫咪综合维生素来补充维生素 E。

维生素 C

这是另一种常见的抗氧化成分，不管在细胞内部还是外部，都可以达到抗氧化的效果。因为猫咪可以自行合成，所以与维生素 E 不同，维生素 C 并非猫咪的必需营养素。

可以为患有慢性疾病的猫咪额外补充维生素 C。虽然维生素 C 的抗氧化效果不是很强，但提高血液中维生素 C 的浓度，可以有效地帮助免疫系统对抗慢性疾病。

维生素 C 属于水溶性维生素，较少出现食用过量造成中毒的问题。不过，要特别提醒铲屎官，过量补充维生素 C 会降低尿液 pH 值。虽然没有证据显示，这会造成草酸盐类的尿结晶增加，但是理论上，过酸的尿液是会增加草酸盐类

结石的发生风险的。

如果一天内给予猫咪的维生素 C 超过 1000 mg，还能引发猫咪腹泻。美国国家科学研究委员会 2006 年的报告对于猫咪饮食中维生素 C 的建议用量没有特别限定。最近的对维生素 C 的研究报告是1998 年做的，此报告建议铲屎官每天补充维生素 C 的量不应超过 400 mg，以免造成猫咪尿液 pH 值过低。

胡萝卜素（β-Carotene）

这是人类保健品中常见的抗氧化成分，但是猫咪无法将摄入的胡萝卜素转化为维生素 A，而且胡萝卜素在猫咪相关的抗氧化研究中很少见，所以胡萝卜素对猫咪的实际帮助不大。

叶黄素（Lutein）

叶黄素在人类医疗领域常用于治疗黄斑区病变，但是猫咪没有黄斑区，因此，目前尚未发现叶黄素对猫咪来说有

其他用处，未来也许会有更多的发现。

活性甲硫氨酸

目前已知，活性甲硫氨酸对于修复肝脏损伤有很大的帮助。市面上有商品化的保健品可以购买，不过，对健康猫咪而言，活性甲硫氨酸没有特别的帮助。

辅酶 Q_{10}

辅酶 Q_{10} 可以减轻肥厚型心肌病猫咪的心肌伤害，因此，对铲屎官而言并不陌生。对于有心脏疾病的猫咪，可以每天补充 30 mg。

硫辛酸（α-Lipoic Acid）

这也是人类保健品中常用的一种抗氧化成分，但是用于猫咪时应特别注意，因为猫咪代谢硫辛酸的能力很差，所以非必要不建议为猫咪补充硫辛酸。

随着中医在兽医界的应用，植物性药材是近年来犬、猫饲料添加物的新宠。虽然这些植物性药材的添加是因为其"疗效"而非营养价值，但是具体疗效如何，目前鲜有研究证明。

猫咪属于肉食性动物，其身体消化吸收的机制与人类不同，因此，并非所有对人类有效的植物性药材对猫咪同样有效。

偶见部分饲料厂商会在饲料中添加洋葱和大蒜，但都只是为了调味，因此用量非常少。铲屎官需要注意，应尽量避免选用含有洋葱或大蒜的饲料，在自煮鲜食中也应该避免添加它们，因为这两种植物会对猫咪造成伤害，尤其是洋葱，会导致猫咪出现严重的贫血。

把金丝桃添加在犬、猫饲料中在台湾比较少见。这种植物性药材在人类医疗领域被认为有一定的抗抑郁效果，但是给动物使用会导致光敏症，使动物照射阳光后，皮肤出现水疱以及溃疡，铲屎官应避免使用添加这种植物的食品。

防腐剂

　　防腐剂的添加是铲屎官很关心的话题，网络上很多文章也会提到饲料添加防腐剂的问题。

　　过去常见的饲料防腐剂包括乙氧基喹啉和丙二醇。

　　乙氧基喹啉（Ethoxyquin）

　　早在 40 年前，乙氧基喹啉就被用于动物饲料，因为它可以防止脂肪酸化以及脂溶性维生素的流失，所以常被用于含有鱼粉添加物的饲料中。

　　不过，从 1980 年起，就有报告认为，犬类饲料中添加乙氧基喹啉会影响狗狗的健康，最常见的是造成肝脏伤害以及肿瘤。因此，从 1997 年起，美国食品药品监督管理局要求饲料厂商添加乙氧基喹啉不得超过 150 ppm。现在许多饲料厂商已不再使用此防腐剂。

　　关于乙氧基喹啉对猫咪的副作用，相关的研究很少。不过，因为此物质已经造成许多铲屎官的疑虑，已经少有饲料厂商添加乙氧基喹啉作为防腐剂，铲屎官在购买饲料时，也应查看成分表中是否包含乙氧基喹啉。

　　丙二醇（Propylene glycol）

　　丙二醇在宠物食品中主要用来对抗细菌，过去尤其多用于罐头食品中，因为湿食含有较多的水分，容易滋生细菌。

　　早在 1979 年就有研究发现，丙二醇会导致猫咪红细胞病变，虽然不会严重到使猫咪贫血的程度。1989~1992 年间，许多研究都证实了丙二醇会给猫咪带来健康问题，因此在美国，丙二醇已禁止用于猫咪饲料及罐头中。铲屎官在选用猫咪饲料及罐头时同样应注意成分表上是否含有丙二醇。

　　生育酚（Tocopherol）

　　很多饲料厂商会用维生素 E 代表生

育酚，因为生育酚和维生素 E 在很多场合是等同的。生育酚同样可用作防腐剂，且用作防腐剂的生育酚通常以酯的形式存在，如此可有效防止饲料中的生育酚因为氧化而流失。因此，越来越多的厂商会使用生育酚作为抗氧化成分。可以对抗氧化而不消耗饲料中营养素的抗氧化成分还有维生素 C 和柠檬酸。

其他常用于饲料中的防腐剂还有丁基羟基茴香醚（BHA）、2, 6- 二叔丁基对甲基苯酚（BHT）以及 2- 叔丁基对苯二酚（TBHQ）。BHA 以及 BHT 在人类食品研究中已被质疑有致癌的风险，但在 2003 年美国饲料管理协会的建议中，还是将它们列为可以使用的添加剂。

建议铲屎官在挑选饲料时避免含有上述三种防腐剂的饲料，同时，因为很多饲料没有添加防腐剂，不建议铲屎官大量囤积，以免因天气湿热造成饲料变质，进而引起猫咪胃肠道疾病。

参考资料

Christina M.G., et al. Nutritional Adequacy of Two Vegan Diets for Cats[J]. *Journal of the American Veterinary Medical Association*, 2004, 225(11): 1670-1675.

Claudia A.K. Feline Diabetes Mellitus: Low Carbohydrates Versus High Fibers?[J]. *Vet Clin Small Anim*, 2006, 36: 1297-1306.

Dawn M.B. Balancing Fact and Fiction of Novel Ingredients: Definition, Regulations and Evaluation[J]. *Vet Clin Small Anim*, 2004, 34: 7-38.

Debra L.Z., Tony B. Effects of Nutrition Choice and Lifestyle Changes on the Well-being of Cats, a Carnivore that has Moved Indoor[J]. *Journal of the American Veterinary Medical Association*, 2011, 239(5): 596-606.

Denise A.E. Nutritional Management of Chronic Renal Disease in Dogs and Cats[J]. *Vet Clin Small Anim*, 2006, 36: 1377-1384.

Dorothy P.L., Nestle Purina Petcare Research. Nutrition for Aging Cats and Dogs and the Importance of Body Condition[J]. *Vet Clin Small Anim*, 2005, 35(3): 713-742.

Dottie P.L. Understanding and Managing Obesity in Dogs and Cats[J]. *Vet Clin Small Anim*, 2006, 36: 1283-1295.

Ecocert. Ecocert Certification for Sustainable Development/The Group/Certification[EB/OL]. http://www.ecocert.com/en/certification, 2014-9-26.

Erin L.S., John E.B. Nutritional Adequacy of Diets Formulated for Companion Animals[J]. *Journal of the American Veterinary Medical Association*, 2001, 219(5): 601-604.

Ezaki J., et al. Assessment of safety and efficacy of methylsulfonylmethane on bone and knee joints in osteoarthritis animal model[J]. *J Bone Miner Metab*, 2013, 31(1): 16-25.

Fascetti, A.J, et al. *Applied Veterinary Clinical Nutrition*[M]. New York: John Wiley & Sons, Inc, 2012.

Freeman L, et al. WASAVA Nutritional Assessment Guidelines[J]. *Compend Contin Educ Vet*, 2011, 33(8): E1-6.

International Renal Interest Society. IRIS Treatment Recommendation[EB/OL]. http://iris-kidney.com/guidelines/recommendations.shtml, 2013/2014-9-20.

Joseph W.B., Claudia A.K. Nutrition and Lower Urinary Tract Disease in Cats[J]. *Vet Clin Small Anim*, 2006, 36: 1361-1376.

Julie A.G, et al. Age and Diet Effects on Relative Renal Echogenicity in Geriatric Bitches[J]. *Vet Radiol Ultrasoun*, 1999, 40(6): 642-647.

Karthryn E.M. Unconventional Diets for Dogs and Cats[J]. *Vet Clin Small Anim*, 2006, 36: 1269-1281.

Kate S.K. Update on Samonella spp Contamination of Pet Food, Treats, and Nutritional Products and Safe Feeding Recommendations[J]. *Journal of the American Veterinary Medical Association*, 2011, 238(11): 1430-1434.

Konnie H.P. Plant Hazrds[J]. *Vet Clin Small Anim.*, 2002, 32: 383-395.

Laflamme D.P. Nutritional Care for Aging Cats and Dog[J]. *Vet Clin Small Anim*, 2012, 42: 769-791.

Lester M. Cellular Effects of Common Antioxidants[J]. *Vet Clin Small Anim*, 2008, 38: 199-211.

Lisa P.W., Marjorie L.C. Vegetarian Diets[J/OL]. *Clinician's Brief*, 2015: 61-63.

Luckschander, N., et al. Dietary NaCl Does Not Affect Blood Pressure in Healthy Cats[J].*J Vet Intern Med*, 2004, 18: 463-467.

Ministry of Agriculture, Forestry and Fisheries of Japan. Food labeling & Japanese Agriculture Standard/Specific JAS/Organic Foods[EB/OL]. http://www.maff.go.jp/e/jas/specific/organic.html, 2014-9-28.

National Research Council (NRC). *Nutrient Requirements of Dogs and Cats*[M]. Washington, DC: The National Academies Press, 2006.

Nicole L., et al. Dietary NaCl Dose Not Affect Blood Pressure in Healthy Cats[J]. *J Vet Intern Med*, 2004, 18: 463-467.

Philip R., et al.. Application of Evidence-based medicine to Veterinary Clinical Nutrition[J]. *Journal of the American Veterinary Medical Association*, 2004, 224(11): 1756-1771.

Steven C.Z., et al. Antioxidants in Veterinary Nutrition[J]. *Vet Clin Small Anim*, 2006, 36: 1183-1198.

United States Department of Agriculture, Agriculture Marketing Service. National Organic Program/consumer[EB/OL].http://www.ams.usda.gov/AMSv1.0/ams.fetchTemplateData.do?template=TemplateC&navID=NationalOrganicProgram&leftNav=NationalOrganicProgram&page=NOPConsumers&description=Consumers&acct=nopgeninfo, 2012/2014-10-2.

United States Department of Agriculture, National Organic Progam. National Organic Program/Understanding Organic Labeling[EB/OL]. http://www.ams.usda.gov/AMSv1.0/ams.fetchTemplateData.do?template=TemplateA&navID=NationalOrganicProgram&leftNav=NationalOrganicProgram&page=NOPUnderstandingOrganicLabeling&description=Understanding%20Organic%20Labeling&acct=nopgeninfo. 2010/2014-10-2.

Zoran, D.L., Buffington, C.A.T. Effects of nutrition choice and lifestyle changes on the well-being of cats, a carnivore that has moved indoors[J]. *J Am Vet Med Assoc2011*, 2011, 239: 596-606.

附录／∞

附录／○○

附录／○○